爆破拆除工程案例分析

池恩安　罗德丕　魏　兴　赵明生　编著

北　京

冶 金 工 业 出 版 社

2015

内 容 提 要

本书按照爆破拆除类型收编了 29 个工程实例，详细介绍了爆破拆除设计、施工的原则和方法，针对不同爆破拆除对象的特点、施工难点进一步分析说明了爆破拆除施工的成败关键及处理技巧。最后，从经验和教训上总结出不同类型爆破拆除的施工要点和安全管理重点。本书最大的特点是源于工程实际，以供类似工程借鉴。

本书可供从事爆破工程设计、施工、监理的技术人员作为培训教材使用，也可供爆破拆除相关专业的工程施工人员参考学习。

图书在版编目（CIP）数据

爆破拆除工程案例分析/池恩安等编著 . —北京：冶金工业出版社，2015. 12

ISBN 978-7-5024-7094-4

Ⅰ. ①爆…　Ⅱ. ①池…　Ⅲ. ①建筑物—爆破拆除—案例

Ⅳ. ①TU746. 5

中国版本图书馆 CIP 数据核字（2015）第 303743 号

出 版 人　谭学余

地　　　址　北京市东城区嵩祝院北巷 39 号　邮编　100009　电话　(010)64027926

网　　　址　www. cnmip. com. cn　电子信箱　yjcbs@ cnmip. com. cn

责任编辑　李培禄　夏小雪　美术编辑　吕欣童　版式设计　孙跃红

责任校对　郑　娟　责任印制　李玉山

ISBN 978-7-5024-7094-4

冶金工业出版社出版发行；各地新华书店经销；固安华明印业有限公司印刷

2015 年 12 月第 1 版，2015 年 12 月第 1 次印刷

169mm×239mm；14.75 印张；329 千字；224 页

59. 00 元

冶金工业出版社　投稿电话　(010)64027932　投稿信箱　tougao@ cnmip. com. cn

冶金工业出版社营销中心　电话　(010)64044283　传真　(010)64027893

冶金书店　地址　北京市东四西大街 46 号(100010)　电话　(010)65289081(兼传真)

冶金工业出版社天猫旗舰店　yjgycbs. tmall. com

（本书如有印装质量问题，本社营销中心负责退换）

前　言

为提升城市品位、完善城市功能，按照新的规划，很多城市进行旧城改造，道路拓宽、居住楼改造，需要大规模拆除老旧建（构）筑物。

爆破拆除的一个优势就是施工阶段相对安全，变高空作业为地面或层面作业，而且能准确预报需拆除体倒塌的方向、时间以及爆渣塌散的范围，尤其是对那些复杂环境中的高层建筑物和高耸构筑物，人工和机械拆除的难度大、费用高、危险多，使得爆破拆除更显示其优势。爆破拆除的对象是一些建（构）筑物，要求主要包括三个方面：一是确保需拆除的建（构）筑物按照设计方向倒塌；二是获得理想的爆破效果，如爆渣的塌散范围、堆积高度、破碎程度；三是控制爆破危害，如爆破振动、飞石、噪声、冲击波、粉尘、有毒气体等。

本书详细介绍了爆破拆除爆破中几种典型建（构）筑物的拆除方法和技巧。针对不同类型建（构）筑物的不同结构、不同环境、不同技术要求，总结出施工注意要点，主要包括四个方面：一是本身的结构特点，如结构形式、所选用的建筑材料、几何尺寸等；二是周围环境，如需拆除的建（构）筑物与附近需保护体的相对距离、管网的敷设和走向情况、倒塌区域的地形地质情况；三是对爆破危害的控制要求，包括周围建（构）筑物和管网的抗震等级、爆渣的允许塌散范围、飞石的控制距离、环保对施工的要求；四是对爆破拆除失败中存在的问题进行总结，包括施工设计不合理、人员管理疏忽、爆破器材不合格等。

工程实例选自贵州新联爆破工程集团有限公司二十余年来的典型

爆破拆除项目。从所选的工程实例中可以看出，爆破器材、结构动力学、数值模拟技术的发展，使爆破拆除技术日趋进步和完善。书中不但总结了成功案例中的经验，也详细分析了失败的原因与补救措施，从经验和教训两方面阐述爆破拆除工程案例的处理特点和要点，旨在总结工程经验成果，以对建（构）筑物爆破拆除设计和施工方法提供参考和借鉴。

　　除了本书的作者外，贵州新联爆破工程集团有限公司的宋芷军、邹锐、乐松、王丹丹等技术人员也提出了创造性的成果，在此表示感谢！但是，由于编著者水平有限，书中难免有缺点和不足，敬请广大读者批评指正。

作　者

2015 年 9 月

目　　录

框架结构楼房的爆破拆除实例

1.1 贵州省原卫生厅办公楼爆破拆除工程

1.1.1 工程概况

（1）周围环境。拆除建筑物的北面 6.5m 处有一组东西走向的地下自来水管和暖气管，12m 处为院内道路，其中人行道上有两根通讯电杆和一组电缆，其中一根通往卫生厅办公楼，另一根通往武警宿舍楼（水平距离 12m），26m 处有一组东西走向的高压电线，28m 处为省政府办公厅值班室，90m 处是省政府办公大楼。东面 6.4m 为四层的武警宿舍楼，东南 3m 处是中建设计公司 3 层砖混建筑物，南面 22.7m 为省国防工办办公楼，西面 8.4m 有一根南北走向（埋深 1m）的消防水管，8.6m 处有一组南北走向的低压电线和电杆一根，11.5m 处有一组南北走向的高压电线和高压电杆两根，22.4m 有一台箱式变压器，34.4m 处是省政府大礼堂。拆除建筑物总面积 12357m²。爆区周围环境复杂，四邻情况见图 1-1。

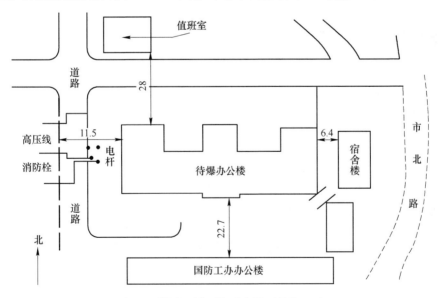

图 1-1 爆破区域环境示意图（单位：m）

（2）结构特点。拆建筑物位于贵州省政府大院内，大楼始建于 20 世纪 60 年代，原为 3 层砖木结构楼房。1、2 层墙体由青砖砌筑，厚 48cm；3 层青砖墙体厚24cm。于1991年实施改建，在原楼外围采用机械成孔灌注法加柱增高至7层，中间部位增高至8层，增建部分均为框架结构，4层楼板为预制空心板，4层以上为现浇复合板，墙体为加气煤渣砖，经改建后共有400mm×600mm立柱42根、350mm×600mm立柱8根、600mm×600mm立柱8根、700mm×700mm立柱2根、5、7层内部增加了单元隔离柱和抗震柱。大楼全长73.73m，最宽处为33.35m，最高为36m。楼层平面示意图如图1-2、图1-3所示。

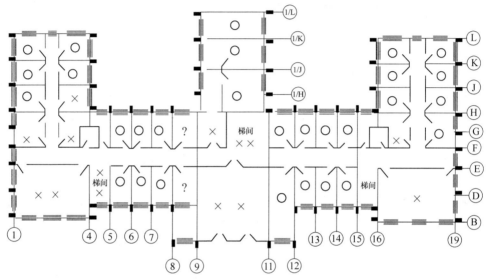

打？的房间如无特殊贵重物品不宜进入；

打○的房间可以进入搬运；

打×的房间必须得到检测人员详细交代后方可进入；

打××的房间，严禁进入。

图1-2 贵州省政府卫生厅5号办公楼六层平面示意图

1.1.2 工程特点

（1）拆除的楼房曾受过严重火灾。贵州省建筑科学研究检测中心出具的检测报告显示该建筑物存在很多安全隐患，已定性为危房；楼房1~3层的木板楼面全部烧毁，墙体粉刷层大面积脱落，部分墙体出现疏松和变形；4层大部分预制空心板板底露筋、断裂，楼梯已严重烧毁；5~8层烧伤程度相对较轻，但是部分墙体已有裂缝，立柱和联系梁同样存在一定程度的损伤。

（2）1~5层和8层内部无立柱；5~7层内部结构为拱形框架；4~8层所有墙体均为充气砖。

（3）第4层楼板为预制空心板；5~8层为楼板，由现浇板和加气砖镶砌而成的复合板。

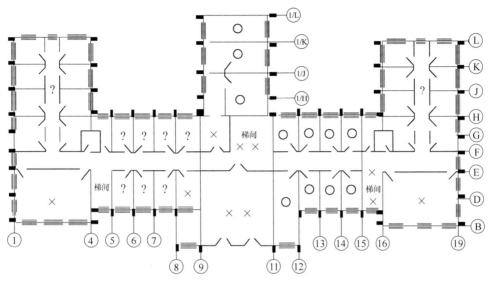

打？的房间如无特殊贵重物品不宜进入；

打○的房间可以进入搬运；

打×的房间必须得到检测人员详细交代后方可进入；

打××的房间，严禁进入。

图 1-3 贵州省政府卫生厅 5 号办公楼七层平面示意图

1.1.3 爆破方案

根据拆除建筑物原设计图纸，分析和研究建筑物的受力状态、荷载分布、实际承载能力和周围环境情况，如果采用原地坍塌的爆破方案不仅会增加钻孔工作量和防护工作量，而且难以控制爆渣的堆积范围，必然会对周围需保护的对象构成威胁；因建筑物高宽比较小且拆除物的四周都有要保护的建（构）筑物和设施，采用定向倒塌方案也不合理。综上所述，采用孔外延期时间向东西两方向、层间从下向上顺序起爆的内向折叠倒塌爆破方案比较合理，见图 1-4。

具体布孔区域为：一楼柱、内外墙；三楼南北方向立柱；四、六、八楼梁；五、七楼梁、柱（含内拱柱）。

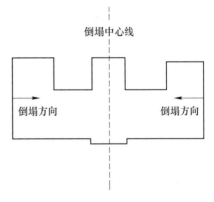

图 1-4 倒塌方向示意图

1.1.4 爆破缺口高度

（1）一楼东、西两端立柱在底部设计两个水平孔，中间爆破缺口高度取

2.4m，外墙取1.05m，内墙取1.4m。由于内墙被火烧后，墙体疏松且严重变形，粉刷层大部分脱落，如采用凿岩机钻孔其产生的振动效应将加速墙体的变形，给施工安全造成威胁，因此用人工凿孔放置药包，孔尺寸为6cm×6cm×25cm。

（2）三楼南北方向柱爆破缺口高度取0.7m。

（3）五楼爆破缺口高度取1.4m。

（4）七楼柱爆破缺口高度取1.2m。

1.1.5　爆破参数设计

本楼爆破拆除所用的爆破参数列于表1-1中。

表1-1　爆破参数选取表

位　置	尺寸/cm×cm	孔距/cm	排距/cm	孔深/cm	单耗/g·m⁻³
柱	35×60	35	20	19	一楼800
	40×60	40	20	22	三楼650
	60×60	40		34	五楼600
	70×70	50		40	七楼550
墙（一楼）	48	40	35	25	80g/单孔
梁	30×70	30		50	1000

1.1.6　起爆网路设计

爆破网路采用非电导爆系统交叉复式起爆网路。孔内用14段导爆管雷管，孔外层间用4段接力，同层除两端的最后一跨用11段外，其余用4段导爆管雷管接力。3层和4层孔少，故3层和4层的导爆管分别与1层、5层相对应的跨位搭接，爆破网路见图1-5。

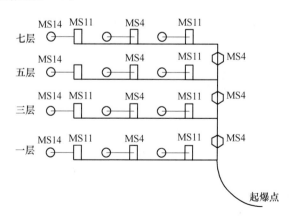

图1-5　爆破网路示意图

1.1.7 安全防护措施

（1）外排立柱、外部梁、外墙上的所有炮孔用3层胶皮网覆盖防护。

（2）一楼立柱的底部用沙袋筑砌，堆高1.5m。

（3）东面武警宿舍楼的山墙，用沙袋垒筑防护，底宽2.5m，堆高2m，距保护墙0.5m堆置。

（4）对西面高压电杆下部用沙袋堆垒成半圆锥形，堆高3m。

（5）对自来水井口、消防栓、地下电缆和雨污井口用沙袋覆盖保护。

1.1.8 爆破效果及分析

2000年3月12日上午10时起爆，爆破拆除过程中对附近的建筑物和地下电缆、自来水管没有任何影响。但在拆除物西面结构爆破倒塌时，局部立柱受压向西倒塌将11.5m处的一个高压电杆打倒，导致停电5h。爆后对爆渣进行测量，中间高6m，西边高6.5m，东边高10.5m，南北堆积范围均在拆除物外3m以内，西面为12m，东面没有任何爆渣向外坍塌，见图1-6～图1-8。

图1-6 起爆前爆体南面全景图

图1-7 起爆前爆体北面全景图

图 1-8 起爆瞬间效果图

爆破效果说明本次爆破拆除布孔合理，单耗的选取适当，建筑物倒塌完全、解体充分；爆破时未产生任何飞石，对地下管网未造成损伤；总体爆破方案可行，但是在安全防护措施上局部存在不足。

对于本次爆破拆除中造成局部问题的原因，经分析有以下几点：

（1）根据录像资料以及爆破时现场观测可以看出，起爆后在房屋的初始运动阶段内折效果十分明显，且运动速度很快，但折叠到一定程度后，发现西面五楼下部外排立柱向外倾倒向外倒塌，但五楼以上的立柱向内倾倒却向外坍塌，显然是受底部立柱的牵拉而向外坍塌的。经分析，一、二、三楼无圈梁、隔墙多，东西两端二、三楼柱未布孔，一、五、七楼打孔装药（两端外柱仅布两水平孔），爆破后立柱成为两端自由的长杆，造成底部立柱倒塌方向不明确，虽有四、五楼圈梁向内的牵拉作用，但在爆渣的外挤和上部立柱内折而产生的反向推力的联合作用下使西端部分外柱向外倒塌。

（2）一、三、五楼用 4 段搭接，延期时间较短，从录像资料上看出，内折速度较快，造成建筑物加速倒塌，在上部构件强大的惯性作用下加速了底部立柱向外倒塌。

（3）爆后检查发现，柱的基础与上部结构钢筋是焊接的，且焊点在同一平面上，致使立柱抗剪能力较小，也是部分外柱向外倒塌的原因之一。

（4）东面外柱底部两水平孔的夹制作用较大导致爆破效果不好；建筑物倒塌后东侧外柱仍高高耸立，未发生倒塌，同时也阻止了爆渣向外坍塌。

1.2 贵阳黔筑商城爆破拆除工程

1.2.1 工程概况

贵阳市黔筑商城因影响中华路整体景观，市政府决定对其拆除并在原址上修建绿化广场。

（1）周围环境。拆除建筑物东面距百花影剧院6m；南面距贵州省重点文物保护单位贵阳达德学校19m，同时在南面外墙体0.5m处有一需要保护的消防栓和水表及相应的自来水管道（直径400mm，埋深1m）；西面为人行道，人行道下0.5～1m处埋设有南北走向的通信电缆、直径500mm的自来水管道、有线电视光缆、动力电缆，人行道以外是中华南路，其道牙距黔筑商城西面最近3.5m；北面距贵阳百货大楼39.5m。周围环境详见图1-9，管网布置见图1-10。

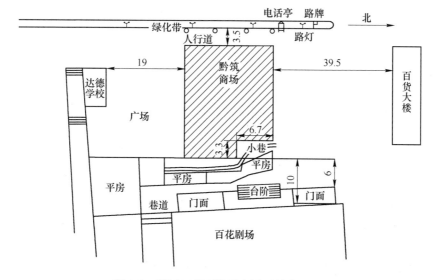

图1-9 爆区四邻环境示意图（单位：m）

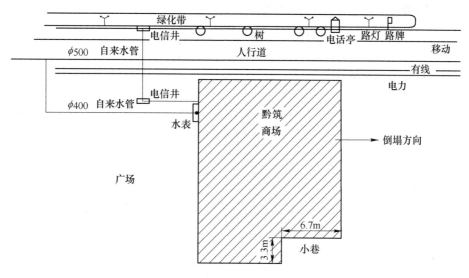

图1-10 爆体周围的管网布置图

（2）结构特点。该建筑物东西长22m，南北宽16.6m。经现场踏勘，建筑物为内框架结构，沿东西向有两排钢筋混凝土立柱，并在两排立柱的中部有一面东西向的墙体，东、南、北面为实心黏土砖墙，东北角为凹形，建筑物总体 5 层，高 15m，楼梯间 6 层，高 18m。立柱截面为 45cm×55cm，联系梁断面为 35cm×45cm，所有墙体厚度为 30cm（含粉刷层）。楼面为预制板结构，总面积约为 1800m²。楼层平面结构示意图见图 1-11。

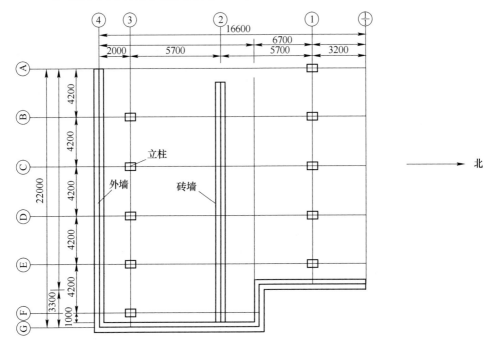

图 1-11　楼层平面结构示意图（单位：mm）

1.2.2　爆破方案的选择

根据黔筑商城的周围环境，设计采用向北倒塌的定向爆破方案，实现倒塌方案的关键技术是合理布置爆破缺口高度、形状和采用毫秒延期起爆网路。

1.2.3　爆破参数设计

（1）缺口布置。对于砖混结构建筑物，由于其结构受力复杂，要使其顺利倒塌，必须取大爆破缺口。在本工程中，在一楼、二楼取大三角形爆破缺口，缺口高度 5.7m，具体为在缺口内从北向南第一排墙体（北面外墙）一楼炸高 1.5m；第一排立柱一楼炸高 3m，二楼炸高 2.7m；第二排墙体（内墙）一楼炸高 2.7m；第二排立柱一楼炸高 0.9m；第三排墙体（南面外墙）炸高 0.3m，详见图 1-12。东面外墙和楼梯间的墙体炸高取 1.4m。在缺口内的所有联系梁布水平孔，每段梁布 2 组孔，每组 5 个，在爆破缺口以外的节点（主要是立柱）也要布孔，炸高0.6m，对楼梯间的所有横梁进行爆破破坏，同时对一楼的楼梯踏板在爆破前人工预处理。

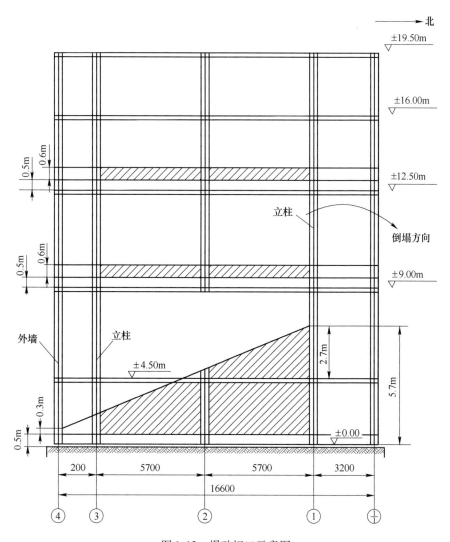

图1-12　爆破切口示意图

（2）爆破网路设计。在爆破缺口内从北向南第一排墙体、第一排立柱（包括三、四、五楼的节点）孔内装11段非电雷管；第二排墙体（包括楼梯间的墙体、横梁）、第二排立柱（包括三、四、五楼的节点）孔内装14段非电雷管；第三排墙体孔内装16段非电雷管。东侧外墙以第二排墙体为界，前面（倒塌方向）孔内装11段非电雷管，后面孔内装14段非电雷管，见图1-13。

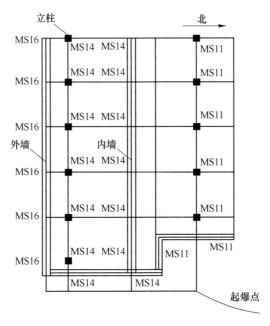

图 1-13　爆破网路示意图

1.2.4　爆破预处理施工

（1）清除施工区的杂物。由于黔筑商城原是作为商业用房，对立柱、墙体、屋顶都做过装修为了便于施工和防止铁钉等硬物伤人，必须将施工区的所有杂物清除干净。

（2）对第一排墙体、第二排墙体人工预处理出弧形洞。

1.2.5　附近管网的保护措施

（1）南面消防栓、水表和水管的保护措施。由于惯性的原因，建筑物在爆破瞬间必然出现下坐的现象，为了避免墙体下坐和垮塌物对消防栓、水表、水管造成危害，首先在南面墙体与消防栓、水表对应的部位人工开设一个宽 1.6m、高 1.2m 的弧形洞，其次用沙袋覆盖消防栓、水表和水管以形成保护层，消防栓、水表的防护沙袋堆高 2m，宽度 2.5m，水管防护沙袋堆砌底宽 1m、高度 1m、长度 8m。

（2）西面地下管网的保护措施。首先在管线上方的人行道上堆砌沙袋防护层，高度 0.2m，然后在沙袋上放置一层钢板，钢板厚度为 10mm，钢板上堆砌 0.6m 高的沙袋，沙袋和钢板的堆砌宽度均为 3.5m，长 25m，西面地下管网防护示意图见图 1-14。

（3）北面大理石地面的防护措施。建筑物倒塌方向的地面全为新铺设的大

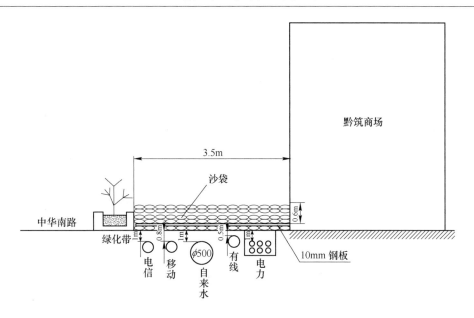

图 1-14 西面地下管网防护示意图

理石，为了确保建筑物触地时猛烈冲撞不损坏地面，先在预定爆渣塌散区域铺设一层棕垫，再在棕垫上铺设两层胶皮网，然后在胶皮网上铺设沙袋，沙袋厚度 0.5m。

1.2.6 爆破效果

爆体倒向准确，未对周围的建筑物、管网造成危害，爆渣堆积高度 1.2 ~ 2.5m，由于本爆破工程采取了一定的防尘措施，粉尘危害很小。具体见图 1-15 和图 1-16。

图 1-15 起爆前爆体全景图

图 1-16　爆破效果图

1.3　贵阳市云岩国税局办公楼爆破拆除工程

1.3.1　工程概况

（1）周围环境。1997 年贵阳市政府决定拓宽中华路，需要对中华北路的贵阳市云岩区国税局办公楼进行局部拆除。建筑物的东面距六层建筑物 3m，距一栋民房 2m；南面和北面都是空地，西面距原中华北路的道牙 2m。四邻情况见图 1-17。

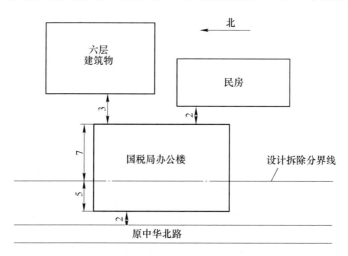

图 1-17　爆区四邻环境示意图（单位：m）

（2）结构特点。该建筑物长 15m、宽 12m、高 12.5m，底层为框架结构。一楼高 3.5m，原为办证大厅，由西向东有 3 排钢筋混凝土立柱，每排 4 根立柱，只有东、南、北面的立柱间有墙体，墙体为实心黏土红砖砌筑而成，墙体厚度 28cm（含粉刷层），西面外立柱间原为卷闸门，施工前已全部拆除，内部各立柱间无实心墙体，原由钢结构隔离为多间小屋作为缴税所用，在施工前所有的隔离材料和装饰材料已拆除。立柱断面为 45cm×45cm，一层结构见底层平面示意图（图 1-18）。二、三、四层高 3m，层面为现浇板，构造柱断面为 30cm×30cm，内部有隔离墙，墙体厚度 28cm（含粉刷层）。所有的圈梁和联系梁的断面均为 25cm×35cm，现浇板的厚度为 18cm，具体见图 1-18。

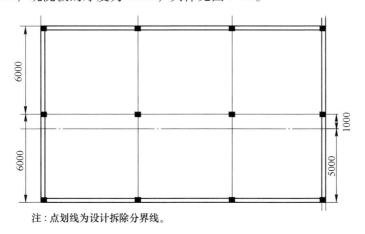

注：点划线为设计拆除分界线。

图 1-18　底层平面示意图（单位：mm）

根据市政道路规划，云岩区办公楼需拆除宽度为 5m。

1.3.2　设计思路

按照设计拆除分界线的位置，用人工从上至下预开一条宽为 30cm 的隔断缝，切割缝内的钢筋全部割断，使拆除体与保留体彻底分离，同时在一楼内部切断的两根联系梁下面分别砌筑砖柱以支撑结构体的稳定，利用原墙体支撑与南、北面外墙连接的梁。在拆除体的一楼取三角形爆破缺口（南、北面墙靠东侧 50cm 的墙体不布孔，新砌的两根砖柱不布孔）使其向西（中华北路）定向倒塌。4 根钢筋混凝土立柱孔内装 1 段非电毫秒延期雷管，墙体孔内装 6 段非电毫秒延期雷管，孔外主路和连接用管用 1 段非电毫秒延期雷管。

1.3.3　工程实施

（1）一楼内部砌筑的两根砖柱目的是支撑切断的两根连系梁，砖柱的断面为 500mm×500mm，采用实心黏土红砖，单砖的尺寸 60mm×120mm×240mm。切割部分底层加砖柱后的平面示意图如图 1-19 所示。

（2）在设计的爆破缺口内钻孔。三角形爆破缺口高度为 3m，宽度为 4.5m，其中 4 根混凝土立柱的孔距取 0.3m，孔深取 0.24m，单耗取 600g/m³，单孔装药量 $Q_{单}$ 为 36.45g，实际单孔装药 40g，每根立柱布 10 个孔，4 根立柱共布 40 个

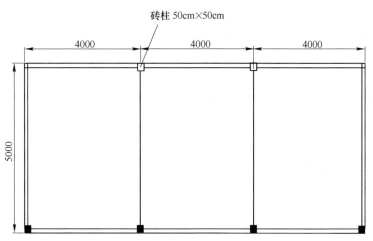

图 1-19　切割部位底层加砖柱后的平面示意图

孔，用炸药 1600g；新砌砖立柱不布孔。墙体上孔距取 0.3m，排距取 0.25m，孔深取 0.15m，单耗取 800g/m³，单孔装药量 $Q_单$ 为 16.2g，实际单孔装药 20g，墙体共布孔 180 个，用炸药 3600g。拆除体共钻孔 220 个，共用炸药 5200g。

（3）人工预开隔断缝。在新砌砖柱和钻孔工序全部完成后人工用大锤、风镐钻凿隔断缝，隔断缝的宽度为 30cm，施工顺序从上至下，梁和板露出的钢筋全部割断，使拆除体与保留体彻底分离。

（4）按照正常的起爆程序装药、联网、防护、警戒、起爆。

1.3.4　爆破效果

1997 年 7 月 3 日上午 10 时起爆，在起爆后，拆除体微微倾斜然后原地坐立，由 4 层变为 3 层。具体见图 1-20 和图 1-21。

图 1-20　起爆前爆体全景

图 1-21　爆破后效果

1.3.5　爆后检查

一楼钢筋混凝土立柱的混凝土完全脱笼，墙体和新砌砖柱垮塌，但二、三、四楼的墙体部分开裂未出现垮塌和位移，整个拆除体向西倾斜5°左右，整体结构仍处于相对稳定状态。

1.3.6　危房体处理

爆破区域位于贵阳市繁华区域的主干道上，虽然因市政道路改造中断了车辆通行，但路上行人很多，加之附近居民楼和办公楼密集，必须立即排除安全隐患，由于拆除体本身已成危房，且墙体已开裂，对其重新钻孔爆破显然是不安全的，经过对建筑物的结构和爆破后形成的状况进行分析，认为可采用机械拆除，在拆除过程中注意安全和机械操作上的统一协调。具体措施是采用 2 根钢丝绳捆绑在原四楼（现为三楼）的北面立柱上（见图1-22），2 根钢丝绳拴点距离为1m，

图 1-22　技术人员在立柱上拴绑钢丝绳

一根钢丝绳的一端捆绑在1台挖掘机的斗齿上，另一根钢丝绳的一端捆绑在1台装载机的斗齿上，为了确保2台设备的安全，拉力方向为西北45°，与危房体保持20m的距离，2台机械反复同时合力拉、放，使危房体内墙体开裂的裂缝不断扩大，最后使墙体发展到极限位移并垮塌，经过机械近30min反复拉、放施工，危房体在机械外力作用下完全倒塌。

1.3.7　爆破失败原因分析

由于预留支撑体为0.5m的砖墙和新砌的砖柱整体抗压能力较差，而砖结构的抗剪能力相对较弱，使得拆除体在爆破后重心仅发生微小偏移，在没有获取足够运动初始速度的条件下支撑体就发生断裂、垮塌，拆除体原地下坐。再者所有的楼面均为现浇板，并且拆除体的二楼以上部分结构设计均为小开间，二、三、四楼是小框架连系梁结构，因此其稳定性很好，即使在自然荷载下拆除体重心瞬间下落3.5m，由于重力势能转化为动能的能量很小，爆破楼层不会产生大的位移并且整体结构也不会受到很大的破坏，最终会造成拆除体坐而不塌的情况。

1.3.8　针对这次爆破的正确技术设计方案

本次爆破失败显然是对拆除体的结构不了解造成的，要确保爆破取得成功，爆破缺口的选取也是至关重要的，综合考虑有两种方案可行。

（1）在一、二楼取大三角形爆破缺口，在一楼仍然留0.5m的墙体和新砌砖柱作为支撑体不布孔，缺口内的所有梁布一定数量的孔，同时对缺口内的现浇板作一定处理（可在爆破缺口与楼层相交的线打2排孔与拆除体一起爆破，如果楼板较薄也可在爆破前人工用大锤处理出一条缝），对爆破缺口外的各层构造柱和梁也钻一定的孔爆破，以破坏其整体刚度。

（2）在一、三楼分别取爆破缺口，各爆破缺口留0.5m的支撑墙体（一楼的新砌砖柱仍然不钻孔），同时在各楼的构造柱上钻3～4个炮孔，对每段连系梁钻一组炮孔，每组4～5个。先起爆三楼的爆破缺口（三楼、四楼的其他炮孔与该爆破缺口同时起爆），再起爆一楼的爆破缺口（一楼、二楼的其他炮孔与该爆破缺口同时起爆），起爆时差为150～200ms。

1.4　兴义市瑞金路建筑物爆破拆除工程

1.4.1　工程概况

（1）周围环境。拆除建筑物在瑞金路进市区方向的右侧，东面9m为一在建二层建筑物，南侧有两栋建筑物，最近距离为6m，西面7m为挡土墙，北面除两栋临时建筑物外其余为空地。详见图1-23。

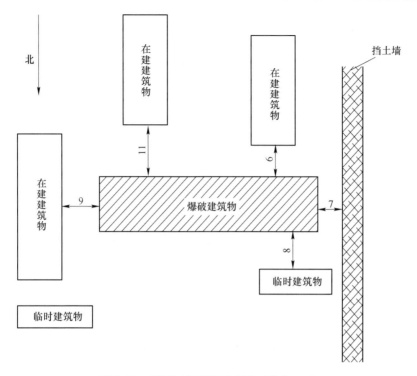

图 1-23 爆区四邻环境示意图（单位：m）

（2）结构特点。拆除体为 7 层砖混结构建筑物，长 72m，宽 14.4m，层高 2.8m。墙体为实心黏土红砖砌筑而成，厚度 24cm，无粉刷层。在外侧和内部有钢筋混凝土抗震柱，截面为 30cm×30cm，每根立柱有直径 22mm 的钢筋 4 根，每层有圈梁，截面为 25cm×25cm。楼面为现浇板，有 3 个楼梯间。楼层平面图如图 1-24 所示。

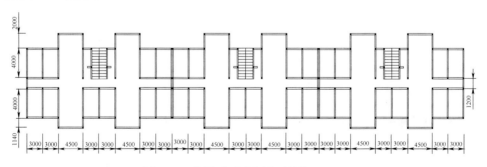

图 1-24 楼层平面示意图（单位：mm）

1.4.2 实现定向倒塌的措施

采用爆破切口与毫秒延期相结合的技术方案以实现建筑物的定向倒塌。

1.4.3　选用的爆炸器材

（1）1段、3段、6段、11段非电毫秒延期导爆管雷管。

（2）直径32mm乳化炸药。

（3）8号瞬发电雷管。

1.4.4　设计爆破区域

见图1-25爆破切口示意图，在一楼、二楼、四楼布炮孔形成爆破切口。

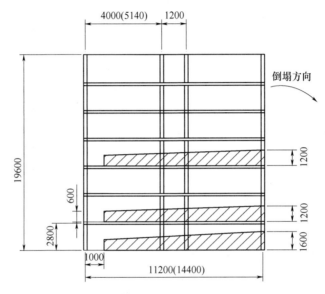

图1-25　设计爆破切口示意图（单位：mm）

1.4.5　预处理区域

（1）在一楼、二楼、四楼的墙体（南侧墙体不开）开弧形洞，洞宽小于1.2m，高度小于1.2m。

（2）一楼的楼梯间全部预处理。

1.4.6　爆破参数

（1）墙体（厚度24cm）：

1）孔径 $\phi = 42$mm；

2）孔深 $L = 0.62\delta = 0.62 \times 24 = 14.88$cm，取15cm；

3）孔距 $a = 25$cm；

4）排距 $b = 30$cm；

5）单耗 $q = 1400 \mathrm{g/m}^3$；

6）单孔装药量 $Q = abHq = 25.2 \mathrm{g}$，实取 30g。

采用梅花形布孔方式，经计算统计，墙体共布孔 3810 个（开弧形洞的墙体除外，定向窗和导向窗的炮孔除外），用药 114.3kg，每孔内装 1 发雷管，则用非电毫秒延期导爆管雷管（孔内）3810 发。

（2）抗震柱（30cm×30cm）：

1）孔径 $\phi = 42 \mathrm{mm}$；

2）孔深 $L = 16.5 \mathrm{cm}$；

3）孔距 $a = 30 \mathrm{cm}$；

4）单耗 $q = 1000 \mathrm{g/m}^3$；

5）单孔装药量 $Q = 0.3 \times 0.3 \times 0.3 \times 1000 = 27 \mathrm{g}$，实取 30g。

倒塌方向的抗震柱一楼布 4 个孔、二楼布 2 个孔、四楼布 2 个孔；南侧抗震柱一楼布 2 个孔，二、四楼不布孔，抗震柱共布孔 190 个，用药 5.7kg，每孔内装 1 发雷管，则用非电毫秒延期导爆管雷管（孔内）190 发。

本工程共布孔 4000 个，用炸药 120kg，孔内用非电雷管 4000 发，孔外主网路用雷管、过渡雷管 600 发。

1.4.7 爆破网路

横墙中心线前面（倒塌方向）孔内装 6 段非电雷管，横墙中心线后面（倒塌反方向）孔内装 11 段非电雷管，过渡管用 1 段非电雷管，同层跨间用 3 段非电雷管，层间用 6 段非电雷管，主网路采用交叉复式起爆网路，用 MFD-100 型起爆器击发起爆。爆破网路示意图见图 1-26。

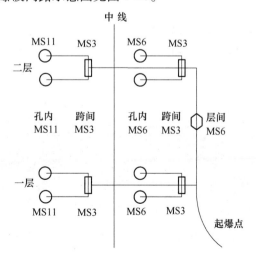

图 1-26 爆破网路示意图

1.4.8　实际施工情况

由于该建筑物设计抗震为 7 级，砌筑墙体砂浆标号为 M8.5，人工用大锤很难开成弧形洞，最后采用在设计爆破缺口内全部钻孔爆破，这样使得钻孔工作量相当大。2007 年 8 月 10 日 14 点开始钻孔，8 月 14 日 16 点 30 分起爆，但是直到 8 月 14 日 15 点才把一、四楼爆破缺口内的炮孔钻完，最后实际形成的爆破切口示意图如图 1-27 所示。

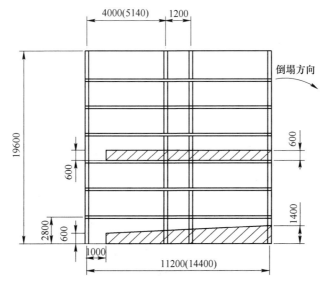

图 1-27　实际爆破切口示意图（单位：mm）

1.4.9　爆破情况

建筑物从 7 层变成 5 层，未爆的二、三、五、六、七层的墙体未开裂、现浇板完好。具体见图 1-28 ~ 图 1-30。

图 1-28　起爆前爆体全景

图1-29 起爆瞬间情景

图1-30 爆破后效果

处理措施：采用液压超长臂大楼解体车（臂长28m）逐梁、逐跨剪刀式推进拆除，同时控制拆除体的倒塌方向。拆除起点为东南侧，拆除顺序为从南往北，从上往下。在1台挖掘机的配合下，4天机械拆除完毕。

1.4.10 爆破失败原因分析

（1）主观上存在轻视的思想。本次爆破的建筑物为砖砌结构，在东、西两面有抗震柱，每一层都有圈梁，楼（屋）面为现浇板，墙体为黏土红砖砌筑，水泥砂浆标号为M8.5，爆体的抗震性能很好，施工单位在以前进行过多次同类型建筑物爆破拆除工程并取得成功，因此施工带有一定的经验性，认为依据经验爆破一定的缺口建筑物就很容易失稳并倒塌，没有严格按照设计方案开3个爆破缺口，主观上存在轻视的思想。

（2）直接原因。

1）设计的爆破缺口未完全形成。在爆破设计方案中是一、二、四楼需形成爆破缺口，但是，由于业主定在 14 日 16 点 30 分要实施爆破，而钻孔作业是在 10 日 17 点才开始，由于砖砌体强度高，砂浆标号较高，钻孔难度很大，加之隔墙多，钻孔工作量大，项目部没有及时增加钻孔设备和人员，尽管现有人员加班加点作业，直到 14 日 15 点才勉强完成一、四楼的钻孔和装药作业，二楼的设计的爆破缺口没有形成，使爆破后建筑物未完全形成倾倒趋势，从而产生原地下坐而未倒塌。

2）所选用的非电雷管段别不合理。要使建筑物定向倒塌，其技术措施一般有两种：第一种是通过不同的炸高来实现，即倒塌方向的炸高取高一点，反方向的炸高取小一点；第二种就是通过不同的毫秒延期来实现，即倒塌方向取低段别延期雷管，反方向取高段别延期雷管，原设计是倒塌方向用 5 段非电雷管，反方向用 14 段非电雷管，但是在购买雷管时，物资公司没有高段别雷管，最高段别只有 10 段、11 段，项目部抱着侥幸心理没有用设计要求段别的雷管，而是用物资公司能够提供的雷管，造成倒塌反方向的延期时间不够，即爆破后建筑物的重心还未发生明显偏移后面药包就已经起爆，使得建筑物整体原地下坐而未发生倒塌。

3）没有根据建筑物的结构特点及时进行技术方案的修改完善。原设计方案是对爆破缺口的墙体预开弧形洞，其作用一是为相邻孔创造新的临空面；二是减少钻孔工作量；三是降低结构的整体稳定性。但是施工后发现由于砌砖的强度很高，大锤锤击作用下不能形成弧形洞，然后改为先用风枪打密集穿孔，再用大锤锤击形成弧形洞，但施工进度太慢根本不能满足设计要求，这时应该及时修改施工方案。如果爆破前不能降低建筑物整体稳定性的情况下应果断在一、二楼钻孔装药形成大三角形爆破缺口，并把保留部分的宽度从原设计的 1m 调整到 2m。

4）原爆破设计方案存在一定的缺陷。建筑物的层面和屋面都为现浇板，层层都有圈梁和连系梁，而层高只有 2.8m，靠建筑物倒塌运动过程中的动力转化使梁板发生断裂相当困难，如果梁板没有受到破坏其墙体也就很难完全分解垮塌，因此在设计时（包括在施工中及时作出修改）应对部分楼层的板进行切割，切割线与倒塌方向垂直，对于与倒塌方向一致的连系梁布几组水平炮孔，这样以降低建筑物的整体刚度。

5）掌握的爆破技术不够全面。该栋砖砌建筑物结构层面和屋面均为现浇板，每层都有圈梁和联系梁，不但具有砌体质量好、强度高等特点，还有另外三个重要的特点：一是建筑物为老式居民楼，隔墙多、转角多，结构的稳定性较强；二是建筑物最高处的高度为 19.6m，宽度为 14m，高宽比为 1.4:1，建筑物在爆破后上下切口闭合时其重心偏移很小，定向倒塌的趋势就不明显；三是楼梯为现浇板，并且与梁、抗震柱、基础一起浇注，且楼梯走向与倒塌方向相反不利于倒塌。对于这种结构特点的建筑物其设计理念必须要符合实际情况，即主要按原地坍塌的思路进行设计，同时也要形成一定的定向倒塌趋势，因此除了取主要的爆破切口外还必须对部分楼层的转角和立柱进行适当爆破；对楼梯踏步（特别是一、二楼）在爆破前采用爆破方式进行预处理，使楼梯分割成多段；起爆顺序自上而下，以形成一个重力加荷载。

1.4.11　正确的切口设计

应形成大梯形爆破切口，如图 1-31 所示。

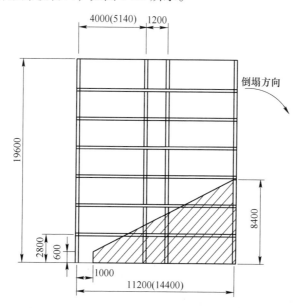

图 1-31　正确的爆破切口设计示意图（单位：mm）

对于框架结构建筑物的爆破，应认真分析其结构特点，宜选用大三角形爆破缺口，前、后起爆延期时间要明显，并对构造柱要进行充分破坏，同时对梁、板也要进行适当破坏。

1.4.12　框架结构建筑物爆破技术总结

（1）内框架结构建筑物。内框架结构主要应用于工业库房，地质结构较好，其结构内部一般是钢筋混凝土框架，外侧有与内部立柱轴线一致的砖柱和砖墙。由于其抗震性能不是很好，因此楼层高度一般是 2～3 层，楼（屋）面多为现浇板。

内框架结构平面图和剖面图的一般形式见图 1-32、图 1-33。

对于内框架结构建筑物，根据周围环境情况选择倒塌方式可以是向内折叠倒塌、定向倒塌、原地坍塌的爆破方案。

1）当楼房四周场地水平距离为 1/2～1/3 楼房高度时宜采用内向折叠坍塌爆破

方案，为了确保爆破效果，降低爆堆高度，方便后续清渣工作，在楼房各层采用正梯形爆破切口，见图1-34。内侧钢筋混凝土立柱的炸高高于两侧的砖墙和砖柱，同层内侧立柱同时起爆，两侧的砖墙和砖柱滞后起爆，层间是自上而下顺序起爆。这样，在一对重力转矩的作用下，上部构件和外承重墙、柱向内折叠坍塌。

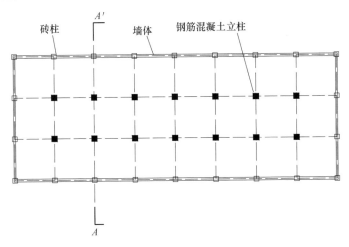

图 1-32　内框架结构一般平面图

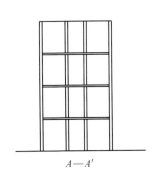

图 1-33　A—A'剖面图

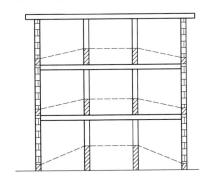

图 1-34　内框架结构向内折叠倒塌切口示意图

2）当楼房四周场地的水平距离均小于1/2楼房的高度时宜采用原地坍塌爆破方案。为了确保爆破效果，应在各层采用平行四边形爆破切口，见图1-35。一楼的爆破切口可取大一点，一般为1.5m高度为宜，而上面各层切口取0.5~1.0m，从上往下顺序起爆，如对爆破震动控制要求高，可以在同层跨间采用毫秒延期爆破。

3）当爆破点四周有一个方向的场地较为开阔时可采用定向倒塌爆破方案，见图1-36。为了确保爆破效果，在一楼沿倒塌方向设计三角形爆破切口，对上面各层的立柱要进行适当破坏，一般破坏高度以0.6~1.0m为宜，从下往上顺序起爆。

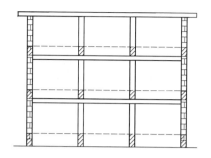 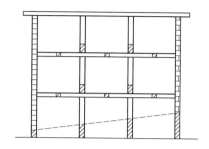

图 1-35 内框架结构原地坍塌切口示意图　图 1-36 内框架结构定向倒塌切口示意图

（2）底层框架结构建筑物。底层框架结构建筑物一般底层是钢筋混凝土和剪力墙承重，上面是砖墙承重，二层楼面是现浇板，这种结构建筑物普遍采用定向爆破方案拆除。为了确保倒塌效果，一般除了要在底层形成三角形爆破切口外，还需在二楼形成一个爆破切口，这个爆破切口可以选三角形爆破切口，也可以选平行四边形爆破切口，切口宽度一般取建筑物宽度的 3/5 即可。

2 砖结构建筑物爆破拆除设计技术

2.1 贵阳市白云南路1~6号楼及其附属门面爆破拆除工程

2.1.1 工程概况

为了美化城市环境和完善城市功能，贵阳白云区政府将白云南路1~6号楼及其附属门面房拆除以修建绿化广场，拆体由东至西分别为1~6号楼，门面房位于住宅楼的北面。

（1）结构特点。1~6号住宅楼全为空心砖结构建筑物，其中1号、5号、6号只有一个单元，长12m、宽10.5m、高16m；2号、3号、4号楼有两个单元，长24m、宽10.5m、高16m；门面房为一层混凝土空心砖砌体建筑物，长123m、宽4.5m。拆除建筑物有圈梁和挑梁，各层屋面为预制板结构，厚24cm，单块空心砖长40cm、高18cm、宽24cm；1~6号住宅楼在四角和楼梯间有抗震柱，其横断面为25cm×25cm，门面房墙厚28cm（加粉刷层），无抗震柱，屋面均为预制板。总拆除面积7357.5m²。

（2）周围环境。爆体东侧为长守街，距道牙最近处6m，距住宅楼25m；南侧：其中1号楼与待拆民房距离9.8m，2号楼与同一待拆民房距离8.3m，3号楼距雨阳蓬7.4m，4号楼距艳山红综合市场9.5m、距变压器8.2m，5号楼距待拆民房13.6m，6号楼距待拆民房9.7m、距变压器8.5m；西侧距长山路11m，距在建楼房30m；北侧紧邻白云南路，距七冶建设公司约45m。四邻环境见图2-1。

2.1.2 爆破方案的确定

爆体墙壁是由混凝土空心砖砌筑而成，不能采用钻孔爆破，只能采用其他爆破技术，经理论分析，有3种爆破方案可供选择：

（1）在设计爆破缺口范围内用砖砌储水容器实施水压爆破技术。水压爆破技术在国内对实心砖砌体结构建筑物的爆破拆除工程中应用十分广泛，但是本次爆破的范围大，按照后面所述的设计爆破缺口采此方案经计算需用标准砖（宽15cm）105块，工期15天，且爆破完毕清运费用也会有所增加，经预算总成本约195298元。

（2）采用多点水耦合爆破技术。

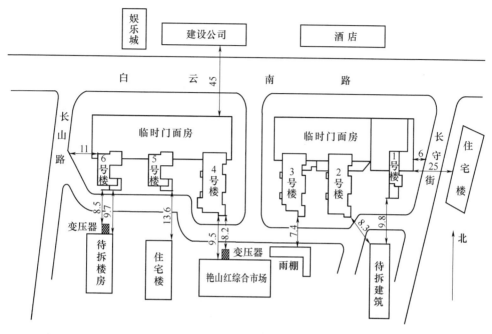

图 2-1 爆区四邻环境示意图（单位：m）

1）试验1：在1号楼结构相对安全部位选一隔墙做爆破试验，在离地面1.5m处的3块整体空心砖上开凿3个小圆洞，洞间距40cm，由于在垂直方向上空心砖是相通的，通过水管向洞内注水，由于空心砖有砂眼，加之砌缝不密实，在注满水后7min后水全部渗透完，重做该试验，事先把加工好的药包（每个药包25g，由于炸药的密度比水的密度小，药包在水中有浮力，因此为使药包能固定在设计位置，每个药包都用小塑料袋包裹，并在塑料袋内放入一约60g的小石子）通过开凿的小圆洞固定在空心砖内离地面0.7m的位置（为固定药包在空心砖内确切位置，事先在墙上离地面1.6m水平位置用膨胀螺钉固定一铁丝，用电工胶布把雷管脚线固定在铁丝上），同时向3个小圆洞内注水，在注满水后施工人员立即撤离并起爆，形成一个高1.25m、宽0.86m的爆破缺口。

结论：从爆破试验和理论上分析，在注满水后的空心砖内放置药包，完全能形成爆破切口，但是解决渗水的工作量很大。

2）试验2：在1号楼选另一隔墙做爆破试验，即在离相邻的空心砖上开凿2排小圆洞，每排3个，下排洞口位置离地面距离为1.2m，洞间水平距离40cm，垂直距离38cm，并该洞所在的空心砖底部垫上小木片（尽管在垂直方向上每块空心砖的两个空心部分与上下空心砖的空心部分是相通的，由于每块空心砖在制作过程中上下面的内侧是不光滑的，所以放置小木片），然后放入小塑料袋且慢慢注入水，让塑料袋尽量紧贴空心砖内壁，最后在每塑料袋内放入25g乳化炸药。爆破后形成长 1.2m、高 0.47m 的爆破缺口，破碎效果良好，但是由于空心砖在生产过程中其内壁残留有很多混凝土渣块，随着注水量的逐渐增多，水袋所承受的压力慢慢增大，6 个试验孔先后有 5 个孔的水袋被混凝土渣块戳破，最后用凿子尽可能把渣块清除掉，用双层塑料袋才解决了塑料袋的盛水问题。

结论：采用在空心砖内设计的爆破切口区域内放置塑料水袋并在水袋内放置设计药包完全能满足工程要求，但是在空心砖内垫放小木片、剔除空心砖内的混凝土渣块、放置塑料袋并注水的工作量很大。

（3）采用空腔微型裸露药包爆破技术。由于此技术在建筑物爆破拆除工程中尚未使用过，因此其可行性和相关参数的选取必须经试验来确定。

1）试验 1：试验目的是采用空腔微型裸露药包爆破技术拆除空心砖结构墙体（非承重墙）的技术可行性。

在原贵州涟江化工厂选一空心砖砌围墙，用凿子人工开凿两排直径为 3.8cm 的 4 个圆形洞，上、下各两个，水平方向上洞间距 20cm，垂直方向上洞间距 24cm，单药包重 25g，把加工好的药包直接放入小洞内，药包放置深度离洞口 13cm，不作任何防护。爆破后形成宽 0.8m、高 1.4m 的爆破缺口，最远飞石距离 6.4m，经分析在药包的侧翼由于有 3cm 的砖壁，又是两块砖的结合部，连灰缝一起总厚度达 7cm，爆破瞬间产生的高温高压气体在该侧受到的阻力较大，在破坏了第一个结合点消耗了大部分能量，剩余的能量不足以破坏第一个结合点，而在垂直方向上由于空心砖内部的空洞部分是贯通的，有利于高温高压气体上下高速运动而破坏介质，因此在爆破后垂直方向比水平方向上的破碎范围大。试验的布孔情况和爆破效果见图 2-2 ~ 图 2-5。

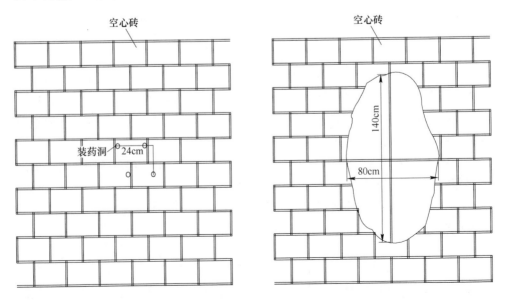

图 2-2　试验前的布孔情况和试验后的爆破效果

图 2-3 试验时的布孔情况

图 2-4 试验后的爆破情况

图 2-5 对试爆效果进行测量

结论：采用多点空气耦合爆破技术拆除空心砖结构建筑物是可行的，但很多爆破参数要经过相关试验来确定。

2）试验2：试验目的是试验采用空腔微型裸露药包爆破技术拆除空心砖结构承重墙的效果如何。

由于在试验3中选用的是非承重墙做的爆破试验，而实际爆破的是承重墙，即单块空心砖还要承受一定的重荷载和一定的侧压力，在这种情况下采用空心墙体建筑物空腔装药爆破拆除技术必须进行相关的爆破试验来确定具体的爆破参数。在需要爆破的1号楼内选一侧墙，在离地面1.36m的水平线上用凿子人工开凿 3 个直径为 3.5cm 的圆形洞，洞间距离 20cm，把加工好的药包直接放入小洞内，药包放置深度离洞口 20cm，单药包重 25g，不作任何防护。爆破后形成了长 0.6m、高 1.34m 的爆破缺口，其中药包中心的下部破坏高度为 65cm，上部破坏高度为 69cm，破碎效果良好，最远飞石距离 4.8m。试验的布孔情况和爆破效果见图 2-6。

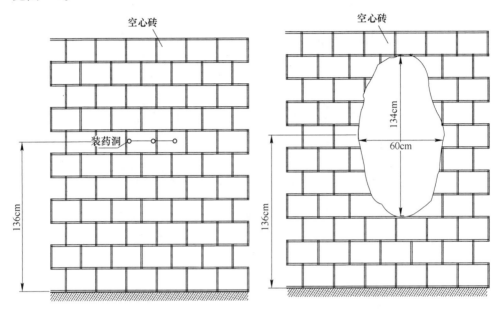

图 2-6　试验前的布孔情况和试验后的爆破效果

结论：对于承重空心砖墙采用空腔装药爆破拆除技术是完全能形成爆破缺口的。

3）试验 3：试验目的是试验在布置多排装药洞的情况下装药洞间距取多少合适，既要确保形成爆破缺口又能减少总的药包个数从而减少总装药量。

在 2 号楼二单元取一内墙做爆破试验，在离地面 0.8cm 处布一层药包，药包布置在同一水平上，相邻药包间距为 24cm（两个圆形装药洞不是布置在同一块空心砖上，而是布置在相邻的两块空心砖上），即隔一块空心砖，在离地面 60cm 处布第二层药包，药包仍布置在同一水平线上，相邻药包间距仍为 24cm，即隔一块空心砖，上下两层药包梅花形排列，单药包重 25g，在中间未安放药包的空心砖上固定一根 14 号铁丝以固定药包，确保同层药包在同一水平线上，不作任何安全防护。爆后形成长 100cm、高 160cm 的爆破缺口，破碎效果很好，最远飞石距离 4.63m。试验的布孔情况和爆破效果见图 2-7。

结论：试验证明采用间隔安放爆破药包的装药结构能够满足设计要求。

4）试验 4：试验目的是确定二楼单药包药量。

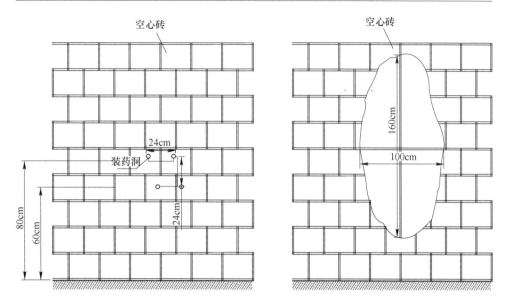

图 2-7 试验前的布孔情况和试验后的爆破效果

　　为了确保爆体完全坍塌，设计要求二楼也要形成爆破缺口，受高度影响，在具体实施时二楼的防护难度很大，而爆破工程位于闹市区，必须严格控制爆破飞石危害，因此二楼的单孔装药量要相对减少。在 4 号楼二楼内部选一墙体内侧，离地面 50cm 水平线上用凿子人工开凿 2 个直径为 3.5cm 的圆形洞，洞间距离 20cm（两个圆形装药洞不是布置在同一块空心砖上，而是布置在相邻的两块空心砖上），把加工好的药包直接放入小洞内，药包放置深度离洞口 20cm，单药包重 20g，不作任何防护。爆破后形成了长 55cm、高 70cm 的爆破缺口，破碎效果良好，最远飞石距离 3.2m。试验的布孔情况和爆破效果见图 2-8。

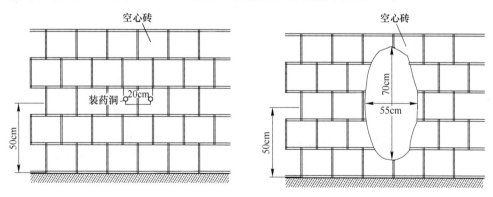

图 2-8 试验前的布孔情况和试验后的爆破效果

　　结论：试验证明对于二楼墙体在适当减少药量的情况下，尽管破坏区域减小，但仍可形成爆破缺口，而且飞石距离也有所减小。

通过对三种爆破技术方案进行分析、试验和比较，发现用砖砌储水容器实施水压爆破，其技术是可行的，但从成本控制和工期上来考虑是不可取的；用多点水耦合爆破技术方案经过相关试验是可行的，但存在加工塑料袋、剔除孔内壁混凝土渣块、接水管并注水等工序，施工环节多，其成本也有所增加；而采用空腔装药爆破拆除技术方案，其技术通过现场和其他场所同类砌体的多次试验是可行的，有关参数也确定，而且施工人员可在较短时间内熟练掌握该技术，同时能缩短工期和降低成本。因此，针对此次工程的结构特点选用空腔装药爆破拆除技术方案。

2.1.3　建筑物的倒塌方向

根据对建筑物的结构特点和周围环境进行分析，既要满足爆破效果，又要确保建（构）筑物、管线的安全，选择的倒塌方向为 1 号、2 号楼向西定向倒塌；3～6 号楼向东定向倒塌，门面房原地坍塌。

2.1.4　药包布置原则

（1）通过设计药包的位置和区域来控制爆破切口的形状。

（2）1～6 号楼一楼的爆破切口高度取 1.2m，长度为建筑物的长度，宽度为 9m，二楼的爆破切口高度为 0.6m，长度为建筑物的长度，宽度为 9m；附属门面房的爆破切口高度取 1.2m，在布药包时在一楼其水平方向和垂直方向上都间隔一块空心砖尺寸布置药包，即水平方向药包间距为 24cm，垂直方向药包间距为 36cm。

（3）确保每层药包在同一水平线上，如是布置双层药包，则上、下两层药包要采用梅花形排列方式。

（4）在一楼布置两层药包，最下一层药包离地面 40cm（根据现场所做的实体爆破试验，得出在单个空心体内放入 25g 乳化炸药，其完全破坏范围大致为上、下各 40cm，左、右各 20cm 区域内），在有安全防护的情况下单个药包重 25g。

（5）二楼只布置一层药包，药包离地面 40cm，单药包重 20g。

（6）1～6 号楼采用定向爆破拆除方案，其一、二层倒塌反方向上 1.5m 内不布置药包，作为支撑用（抗震柱和转角处要采用爆破处理），以实现爆体的定向倒塌。附属门面房采用原地坍塌爆破方案，布置两层药包。

（7）对所有抗震柱采用钻孔爆破，倒塌方向的抗震柱炸高取 1.2m，孔距取 0.3m，单孔装药量取 30g，反方向的抗震柱炸高取 0.6m，孔距取 0.3m，单孔装药量取 25g。

爆破切口示意图见图2-9。

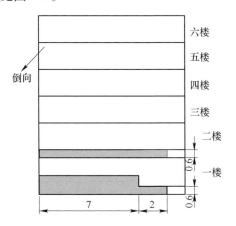

图2-9 爆破切口示意图（单位：m）

2.1.5 施工方法

（1）在墙体上用红油漆标出设计的爆破切口区域，同时用线绳蘸上黑墨水在墙上弹出要开凿的单排洞口或双排洞口水平线。

（2）用直尺按照梅花形排列方式（是单排装药就直接用直尺按照设计的孔距标出洞口位置）标出各排洞的开洞位置。

（3）在所要布置药包的墙上（高于上排洞口水平线位置30cm）固定呈水平拉伸状的14号铁丝以作固定药包位置用。

（4）用小榔锤在所标出的洞口位置凿出直径约为4cm圆形洞口。

（5）按照药包离洞口的深度在相应的非电雷管的导爆管脚线上用红油漆标出记号，在安放药包时以所作记号在洞口位置为准，然后用电工胶布在铁丝上固定导爆管。

（6）考虑药包是悬在空中，如果时间过长药包可能会与雷管分离而脱落，因此把雷管插进药包并用小塑料袋包裹。

（7）在一楼对爆破部位外侧用棕垫和胶皮网覆盖防护，要求将各棕垫和胶皮网用铁丝固定成一整体。

2.1.6 网路设计

住宅楼倒向一侧爆破缺口设计7m宽，其孔内装11段非电毫秒延期导爆管雷管；后面爆破缺口设计2m宽，其孔内装14段非电毫秒延期导爆管雷管，层间用5段非电毫秒延期导爆管雷管跨接，栋与栋之间用11段跨接，单栋楼从北向南，整个爆破工程是从东往西，即按3号→4号、2号→5号、1号→6号顺序起爆，门面房的起爆顺序与住宅楼对称起爆，见图2-10。

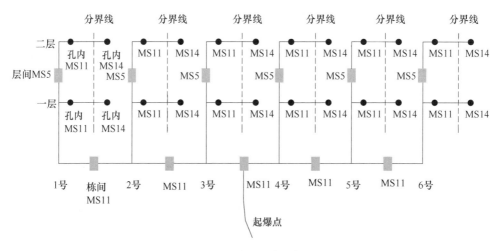

图 2-10　爆破网路示意图

2.1.7　工程实施情况

各栋楼实施情况有关数据一览表见表 2-1。

表 2-1　各栋楼实施情况有关数据一览表

楼层	空腔装药药包个数	钻孔个数	炸药量/kg	孔内用11段非电雷管	孔内用14段非电雷管	过渡1段雷管	主网路用5段管
1	1161	32	27.89	960	233	70	28
2	2322	64	55.78	1840	546	140	56
3	2322	64	55.78	1840	546	140	56
4	2322	64	55.78	1840	546	140	56
5	1161	32	27.89	960	233	70	28
6	1161	32	27.89	960	233	70	28
门面房	3123		78.045		3123	194	104
合计	13572	288	329.055	8420	5460	824	356

同时对爆破切口的外墙采用 1 层胶皮网和 1 层棕垫悬挂防护，防护高度一楼为 1.8m，二楼为 1.5m，所有胶皮网和棕垫用铁丝连成一体。

2.1.8　爆破效果

采用空腔微型裸露药包爆破技术方案成功地进行了爆破，各栋楼的倒向准确，爆渣堆积高度 1～3.1m，最远飞石距离 3.5m，爆破效果完全达到设计要求，周围的建筑物、构筑物、管线未受任何破坏，爆后 3min 恢复交通。具体情况见图 2-11～图 2-13。

图 2-11　爆破前建筑物的全景

图 2-12　开始起爆时的情景

图 2-13　爆渣堆积情况

2.1.9　总结

空心砖结构建筑物爆破拆除的关键是解决设计爆破切口内的墙体装药问题，采用一般的钻眼爆破方案显然不行，通过多次爆破实践和试验证明，根据这种建筑物的结构特点，采用空腔装药爆破拆除技术，即直接人工在空心砖壁上凿孔，然后把设计药包固定在空心砖的空腔内，炸药爆炸时产生的爆轰波压缩空心砖内的空气形成空气冲击波，带有巨大能量的空气冲击波作用空心砖壁而形成反射拉伸波，空心砖壁裂从而使整个建筑物失稳，达到爆破拆除的目的，采用的这种技术既经济又高效，一般情况下单个药包只有 20～25g，炸药爆炸后产生的能量破坏药包周围的空心砖壁没有更多的能量转化为噪声、空气冲击波等爆破危害效应。用上万个裸露药包拆除空心砖建筑楼群是在技术和施工工艺上的创新，为以后同类结构建筑物的爆破拆除提供了有益经验：

（1）空心墙体建筑物空腔装药爆破拆除技术操作简单，工程技术人员和施工人员在较短的时间内能熟练掌握并运用，容易推广。

（2）利用药包不同的安放位置，可以控制空心砖墙体的破坏范围，形成设计的爆破切口，从而达到不同倒塌方式所需的爆高要求。

（3）可通过试验确定单个药包重量来满足不同的技术要求，使炸药能量充分破坏墙体，没有多余的能量转化成爆破安全危害。

（4）企业追求的是利润最大化，在满足工程技术要求的前提下采用空心墙体建筑物空腔装药爆破拆除技术能大大降低施工成本，缩短工期。

2.2　贵阳发电厂家属楼爆破拆除工程

2.2.1　工程概况

贵阳发电厂因改扩建需要，将 5 栋黏土实心砖砌体结构住宅楼及附属建筑物拆除以修建除灰系统，总拆除面积为 8416m²。

（1）周围环境。1 号楼北面距公路围墙 9.6m；3 号楼北面距公路围墙 20.9m；4 号楼南面距三栋一层砖砌结构建筑物的最近距离分别为 1.8m、4.6m、4.8m；5 号楼南面距离需要保护的自来水管（直径 400mm）5m，距需要保护的电线杆 3m；6 号楼南面距离需要保护的自来水管 5m（直径 400mm），距离需要保护的最近建筑物仅有 6.1m，西面距一需保护的围墙 5.8m，另在爆区东面 3m 是一条斜坡小区道路，具体见图 2-14。

（2）结构特点。1 号楼为 2 层，长 35.5m，宽 11.75m；2 号楼为 4 层，长 42.5m，宽 10.11m；3 号楼为 6 层，长 36.5m，宽 10.1m；4 号楼为 3 层，长 44m，宽 12.5m；5 号楼为 5 层，长 24m，宽 9m；6 号楼为 5 层，长 24m，宽 9m。5 号楼与 6 号楼紧邻。各建筑物墙厚 24cm（不含粉刷层），楼面和屋面为预制板，每层都有圈梁。

2.2.2　工程难点

（1）每栋黏土实心砖砌体住宅楼都是横向承重结构，横墙间距较小，隔墙

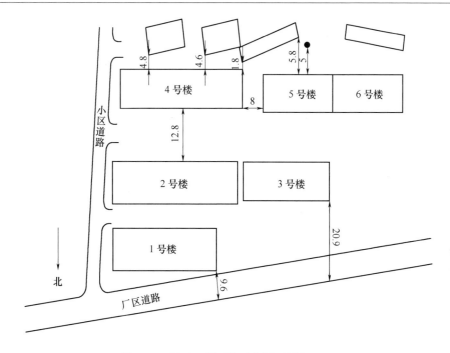

图 2-14 爆区四邻环境示意图（单位：m）

多，钻孔和安全防护工作量大。

（2）由于 4～6 号楼的南面距需要保护的建筑物、自来水管很近，因此这两栋楼在爆破时绝对不能出现后坐现象。

（3）确保爆渣不能塌散、堆积到小区道路上。

2.2.3　爆破技术设计原则

（1）确保建筑物倒塌完全，以利于建筑材料（主要是砖和钢筋）的回收和废渣的清运工作。

（2）有效控制建筑物在爆破后的塌散范围，确保周围建筑物的安全。

（3）由于爆破楼群的东、南、西面都是住宅区，附近区域还有很多需要保护的管线，要切实控制爆破危害效应，尤其是爆破飞石和爆破震动危害效应。

2.2.4　爆破设计方案

（1）爆破方式：1 号楼原地坍塌；2～6 号楼向北定向倒塌。

（2）爆破缺口：1 号楼、4 号楼只在一层形成梯形爆破缺口；2 号楼、3 号楼、5 号楼、6 号楼在一层、二层形成梯形爆破缺口。

（3）起爆顺序：1 号楼西侧起爆（从西往东传爆）→2 号楼、3 号楼起爆（2 号楼从西往东传爆，3 号楼从东往西传爆）→4 号楼、5 号楼（4 号楼从西往东传爆，5 号楼从东往西传爆）→6 号楼（由于 5 号楼与 6 号楼紧邻，6 号楼的爆破主网路与 5 号楼的爆破主网路直接连接，因此 6 号楼也是从东往西传爆）。

（4）为了降低建筑物的整体稳定性，使各建筑物在爆破后很快失稳并形成倒塌趋势，同时减少钻孔和防护工作量，对一、二层的横墙人工预开高约 1.3m、宽约 1.2m 的弧形洞。

（5）在爆破缺口内纵墙前面（指倒塌方向，含纵墙）孔内用 16 段非电雷管，纵墙后面孔内用 11 段非电雷管，主网路用 3 段非电雷管，1 段非电雷管作为过渡管，层间用 8 段非电雷管，主网路采用交叉复式起爆网路。

2.2.5　工程实施

（1）离地面（或层面）0.5m 处开始布第一排孔，布孔方式为梅花形。

（2）对一层按照梯形爆破缺口形式从开始的 8 排孔减至最后的 2 排孔，在二层从开始的 6 排孔减至最后的 2 排孔。

（3）爆破参数和施工成果见表 2-2。

表 2-2　贵阳电厂住宅楼爆破工程施工成果（墙体）表

楼层	墙厚（不含粉饰层）/m	层数	孔距/m	排距/m	最小抵抗线/m	孔深/m	单耗/g·m⁻³	单孔装药量/g	布孔数/个	装药量/kg
1 号楼	0.24	一层	0.3	0.25	0.12	0.14	1000	20	1127	22.54
		二层								
2 号楼	0.24	一层	0.3	0.25	0.12	0.14	1000	20	1265	25.3
		二层	0.3	0.25	0.12	0.14	800	15	787	11.805
3 号楼	0.24	一层	0.3	0.25	0.12	0.14	1000	20	1269	25.38
		二层	0.3	0.25	0.12	0.14	800	15	735	11.025
4 号楼	0.24	一层	0.3	0.25	0.12	0.14	1000	20	1231	24.62
		二层								
5 号、6 号楼	0.24	一层	0.3	0.25	0.12	0.14	1000	20	2496	49.92
		二层	0.3	0.25	0.12	0.14	800	15	1473	22.095
合计									10383	192.685

（4）孔内用非电雷管 10383 发，孔外用各种非电雷管 1560 发，电雷管 2 发。

（5）由于单孔装药量较少，只对爆破缺口的外墙采用 1 床棕垫、1 床胶皮网悬挂覆盖防护。

2.2.6　爆破效果

爆破效果很好，定向准确，坍塌完全，爆渣堆积高度 2~3.5m，对周围建筑物、管网、小区道路等无破坏。具体见图 2-15～图 2-17。

图 2-15　爆破前的全景

图 2-16　爆破时的情景

图 2-17　爆破后的效果

2.2.7　总结

由于设计前工程技术人员对爆区的周围环境进行了仔细的踏勘，包括对各栋爆体与需要保护的最近建（构）筑物和管线相对距离进行实地测量，对需要保护建筑物的结构特点、使用情况及抗震等级进行详细了解，对地下管线的用途、位置、埋深及走向进行调查，在技术设计阶段充分考虑了爆体的结构特点、周围环境对本次爆破的技术要求从而确定合理的爆破方案，并通过试爆确定合理的炸药单耗和主爆网路的连接方式，使各栋建筑物在爆破后形成完整的爆破缺口并获得较大的初始运动速度，在确保安全的前提下建筑物朝预定方向倒塌，达到了安全、高效、快速拆除的目的。

2.3　贵阳市金阳新区阳关农场谷仓爆破拆除工程

2.3.1　工程概况

贵阳市金阳新区金阳农场麦谷仓因影响到金阳新区招商引资的整体形象，需拆除以便修建其他项目。因工期紧，采用安全、科学、高效的城市控制爆破技术予以拆除。

（1）周围环境。拆除建筑物位于贵阳市金阳新区长岭路东侧，距长岭路约40m，西侧为玉米地，一高压线由南北向穿过玉米地，待拆建筑物距高压线最近距离为3m；南面距一道路70m，距废弃的民房20m，距电线杆12m；北侧为耕地，东侧距最近的废旧民房17m，距电线杆约10m，详见图2-18。

（2）结构特点。据现场踏勘，该建筑物为砖混结构，南北长43m，东西宽12m，共六层，高度约为19m，拆除面积约3200m^2。南面楼梯间有立柱，楼梯间宽度3m。东西向被砖墙隔成两间，南北向为10间，共12间。最北面1间二楼有楼板，其余9间都没有楼板，一直从一楼通到六楼。层间有圈梁，层高3.2m，每间房屋的尺寸为4.0m×6.0m，见图2-19。

2.3.2　倒塌方向选择

本工程中待拆建筑物东侧场地空旷宽敞能满足爆渣堆积范围，南侧场地狭窄，北侧与建筑物的长轴方向一致，施工较为不便，西侧场地狭窄且有高压输电线。综上所述，本次爆破采用向东定向倒塌爆破方案。

2.3.3　实现定向倒塌的技术措施

采用不同炸高和毫秒延期相结合的方法来达到爆破目的。

2.3.4　预处理区域

为了达到工程目的，需进行一些必不可少的预处理工作，其具体区域如下：与倒塌方向一致的隔墙全部预处理成弧形洞。

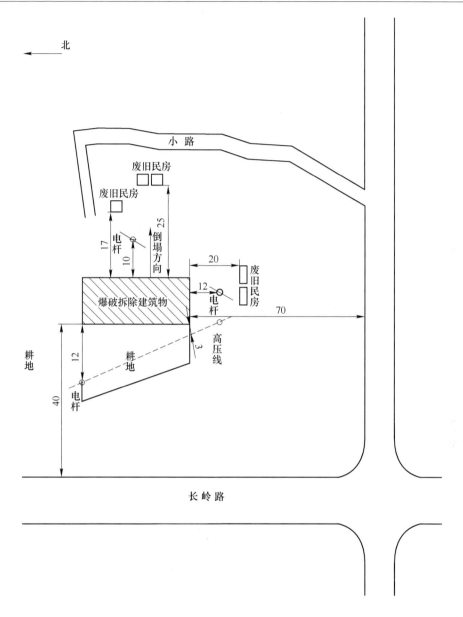

图 2-18　爆区四邻环境示意图（单位：m）

2.3.5　爆破器材的选用

（1）1 段、5 段、11 段、14 段、20 段非电毫秒延期导爆管雷管。

（2）8 号电雷管。

（3）直径 32mm 乳化炸药。

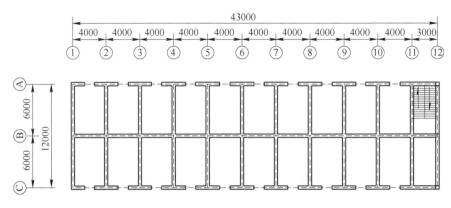

图 2-19　楼层平面布置示意图（单位：mm）

2.3.6　爆破参数选择

为了达到较好爆破效果，在一层、二层、三层形成爆破大缺口，如图 2-20 所示。

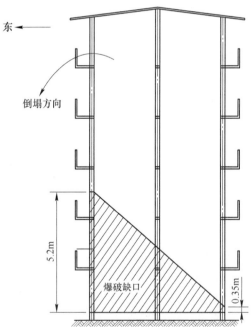

图 2-20　设计爆破缺口示意图

（1）爆破缺口高度。A 轴取 5.2m，B 轴取 2.8m，C 轴取 0.35m。

（2）砖墙爆破参数选择（砖墙尺寸为：厚度 0.3m）。

1）孔径 $\phi = 42$mm；

2）孔距 $a = 30$cm；

3）排距 $b=25\text{cm}$；

4）孔深 $l=17\text{cm}$；

5）最小抵抗线 $w=15\text{cm}$；

6）单耗 $q=1200\text{g/m}^3$；

7）单孔耗药量 $Q=a\times b\times\delta\times q=21.6\text{g}$，取25g。

（3）楼梯间立柱爆破参数选择（立柱尺寸为：0.4m×0.4m）。

1）孔径 $\phi=42\text{mm}$；

2）孔距 $a=30\text{cm}$；

3）孔深 $l=23\text{cm}$；

4）最小抵抗线 $w=20\text{cm}$；

5）单耗 $q=1500\text{g/m}^3$；

6）单孔耗药量 $Q=a\times w\times\delta\times q=21.6\text{g}$，取25g。

（4）爆破拆除炸材用量。爆破拆除炸材用量见表2-3和表2-4。

表2-3 孔内布孔、孔内炸材用量一览表

类　别	布孔数/个	雷管/发	炸药/kg
砖　墙	1530	1530	38.25
立　柱	102	102	3
合　计	1632	1632	41.25

表2-4 所需各类雷管一览表

种　类		孔　内	孔外过渡管	孔外主网络用管	击发雷管
导爆管雷管	1 段		250		
	5 段				
	11 段	400		220	
	14 段	952			
	20 段	280		20	
瞬发电雷管					4

整个爆破拆除工程（不含二次解炮），共用炸药41.25kg，用非电毫秒延期导爆管2122发，电雷管4发。

2.3.7 起爆顺序

起爆顺序：从东向西顺序起爆。

2.3.8 爆破网路

该爆破拆除孔内装11段、14段、20段，跨间用5段、层间用11段，网路采用非电毫秒延期导爆管交叉复式起爆网路，用一组电雷管起爆，起爆电源 MFD-100 型起爆器。爆破网路示意图见图 2-21。

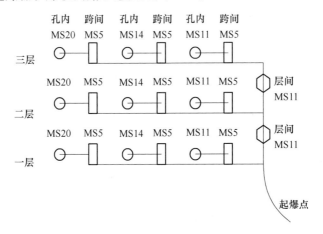

图 2-21　爆破网路示意图

2.3.9　爆破效果

建筑物变为五层，形成危房。具体爆破效果见图 2-22～图 2-25。

图 2-22　爆破前建筑物的全景

2.3.10　爆后处理

由专业技术人员，安全管理人员、结构工程人员在现场指挥，用挖掘机通过垫渣从东往西处理，施工中派作业人员在危房四周监测结构稳定情况。

2.3.11　原因分析

（1）直接原因。在主观上忽视了拆除建筑物的结构特点。由于待拆建筑物原

图 2-23 开始起爆时的情景

图 2-24 起爆中的情景

图 2-25 爆破后的效果

为谷仓库，有楼层标志但无楼板，每单元又分成 2 间，外墙和分隔墙厚度均为 37cm。实际上待拆建筑物是由很多筒状体组合而成，稳定性很好，而技术人员和施工人员都忽视了建筑物的这种结构特点。

（2）主观上改变爆破设计方案。从爆破摄像和现场观察来看，造成爆破坍塌不完全的主要原因是由于爆破切口高度不够，使得建筑物在爆破后一是重力加速度小，二是重心偏心距不够，建筑物爆破瞬间未完全失稳，导致建筑物坍塌不完全。原技术设计方案考虑到建筑物的结构特点，取的是大爆破缺口，缺口到达三楼，缺口高度是 5.2m，在具体施工中二楼以上部分虽然钻了孔但未进行装药，一楼的爆破缺口内也未全部装药，使得实际爆破缺口与设计爆破缺口不符。因此，人为随意变更爆破设计方案是造成这次事故的主要原因。

2.4　贵阳南明影剧院爆破拆除工程

2.4.1　工程概况

（1）周围环境。位于贵阳市南明区市南路的南明影剧院要拆除以在原址上修建贵阳大剧院，影剧院长 45.17m、宽 26.5m、高 20m。该拆除体门厅东距围墙最近 5.8m，南侧与一栋砖砌建筑物相距 7.0m，西侧与一栋 5 层砖砌建筑物相距 5.0m，北侧与门面房相距 16.5m。爆区四邻环境见图 2-26。

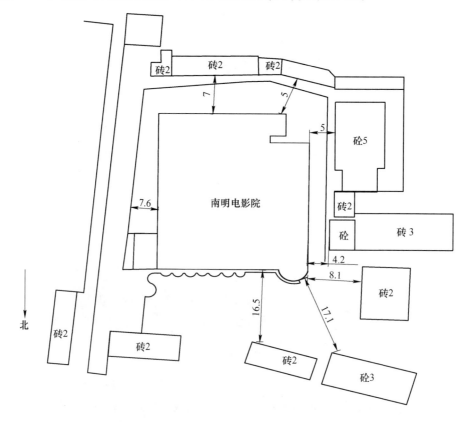

图 2-26　爆区四邻环境示意图（单位：m）

（2）结构特点。影剧院呈南北向排列，分为门厅和观众厅，门厅在北侧，观众厅在南侧，其中门厅为 3 层钢筋混凝土框架结构，楼板为现浇结构，一楼层高 5m，为售票处和录像室入口，二楼高 5m，为观众厅入口，三楼高 7m，为舞厅，门厅右侧有一环形楼梯。门厅沿东西向有 3 排立柱，立柱断面为 45cm × 70cm，环形楼梯有 4 根立柱，立柱断面为 35cm × 50cm。观众厅为砖混结构，高 12m，屋顶为钢木架结构，东、西两侧有 2 排立柱，立柱断面为 40cm × 80cm，有圈梁，柱间墙体厚度为 50cm。

2.4.2 爆破方案

考虑到东面有需要保护的围墙，南面有一暂时未搬迁的建筑物，西面有需保护的居民楼，北面具备倒塌场地。但是，北面场地下面埋设有自来水管和煤气管道，如整个建（构）筑物向北定向倒塌需要采用一定的减振措施。因此，从工期、成本、风险等因素考虑决定采用分部定向倒塌爆破方案，即从门厅与观众厅的连接处在观众厅一侧预开一条切割缝，切割缝宽度为 2m，使门厅向南倒塌，观众厅的东、西两排有立柱的墙体相向倒塌。设计的切割缝从上至下只需对该区域的圈梁、墙体进行预处理，不涉及钢筋混凝土立柱，预开切割缝的工程量少，施工难度小。预开切割缝的位置见图 2-27。

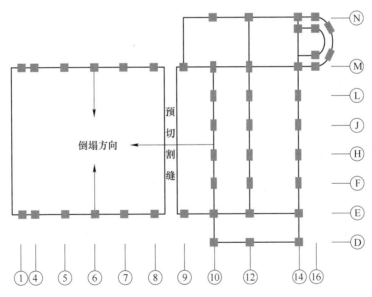

图 2-27 预开切割缝的位置及各部分倒塌方向示意图

2.4.3 各部分实现定向倒塌的技术措施

（1）门厅。一楼由南向北 3 排立柱的炸高分别取 3.0m、1.8m、1.2m，二楼炸高分别取 1.8m、1.5m、1.2m，三楼炸高均为 1.2m，环形楼梯各层炸高均为 1.2m，同时对各层的联系梁进行一定程度的爆破。

　　由南向北 3 排立柱（包括一、二、三楼）的孔内分别装 3 段、7 段、11 段非电延期雷管，层间用 5 段非电雷管间隔延期。

　　主网路全部用 1 段非电雷管。

　　（2）观众厅。观众厅的立柱断面为 40cm × 80cm，立柱的东西向是宽面（80cm），为了使两排立柱相向（向内）倒塌，采用单排柱定向爆破技术措施，即在 80cm 的尺寸面设计微型梯形定向爆破切口，见图 2-28。切口宽度 40cm，长度 56cm，高度 1.5m，保留部分长度为 18cm，用凿岩机形成宽 6cm、高 50cm 的隔离缝。在每一根立柱的顶部向内斜拉一根钢丝绳，起定向牵引作用，并把立柱爆破切口区域所有的外侧钢筋全部剔出并在爆破前割断。

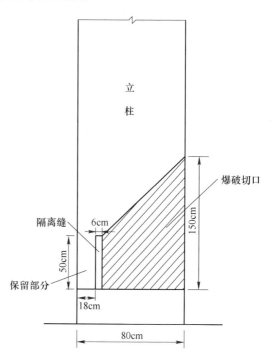

图 2-28　单立柱爆破切口示意图

　　由于南侧墙体定向十分困难，用沙袋对未搬迁的建筑物进行隔离防护，对该侧墙体实施原地坍塌爆破。

　　所有孔内装 5 段非电延期雷管，主网路全部用 1 段非电雷管。

2.4.4　预处理区域

　　（1）对一楼所有的非承重墙、楼梯踏步全部人工预处理。

　　（2）对观众厅的钢屋架和阶梯看台预拆除。

　　（3）对观众厅与门厅间的设计切割缝人工处理形成。

2.4.5　爆破效果

　　2002 年 2 月 28 日 15 点起爆，经过分割的影剧院的各部分按设计方向倒塌，定向效果明显，爆堆集中，未对临近的建（构）筑物和管线造成飞石和震动危害，由于这次爆破没有采取防尘措施，爆破时产生粉尘的浓度很大。具体爆破效果见图 2-29 ~ 图 2-32。

图 2-29 起爆前情景

图 2-30 起爆瞬间

图 2-31 倒塌过程

图 2-32　爆破效果

2.5　贵阳三中教学楼爆破拆除工程

2.5.1　工程概况

（1）周围环境。位于贵阳市遵义路的贵阳三中教学楼因搬迁需要爆破拆除，该教学楼大致呈"∏"状布置，分 A、B、C 栋，均为砖混结构建筑物，A 栋教学楼的东面为宽 45m、长 50m 的操场，南面为待拆建筑物，西面距离在建道路5m，道路西面为南明河，北面与 B 教学楼相连；B 教学楼东面与 C 教学楼相连，在 B 教学楼的东北角 0.5m 处有一根竖向布置的中压煤气管道，北侧 3m 处人行道下面埋设有煤气管道和自来水管，埋深 0.5m，南面为操场；C 教学楼东面为一高5m、宽 1m 的南北向古城墙，最近距离 2.2m，最远距离 5.4m，在古城墙顶端东侧有一根由 B 教学楼东北角延伸过来的煤气管道，该管道在 C 楼南侧紧贴外墙，西面为 45m 宽、50m 长的操场空地，北端连接 B 教学楼。该教学楼周围环境较为复杂，人行道、煤气管道和古城墙都需要特别保护，周围环境详见图 2-33。

（2）结构特点。爆破拆除体 A 楼为 2 层，长 42m、宽 9m、高 6.6m，在南、北端各有一个楼梯间；B 楼为 4 层，长 52m、宽 8m、高 13.2m，在中部有一楼梯间；C 楼为 4 层，长 52m、宽 8.5m、高 13.2m，在中部有一楼梯间。三栋教学楼通过连系梁连为一体，楼面、屋面为预制板，墙体实心黏土红砖，墙体厚 24cm。

2.5.2　倒塌方案

（1）倒塌方向。经工程技术人员实地勘测，综合考虑 A 楼东面、B 楼南面、C 楼西面有一个 45m 宽、50m 长的操场空地，而且操场内没有埋设管线，可以满足三栋建（构）筑物的倒塌范围，因此设计 A 楼向东倒塌，B 楼向南倒塌，考虑到 C 楼附近有一栋暂时不能拆迁的砖砌建（构）筑物，在南端的两个单元预开一条切割缝使其与主体分离，主体向西倒塌，保留体在爆破完成后人工拆除。

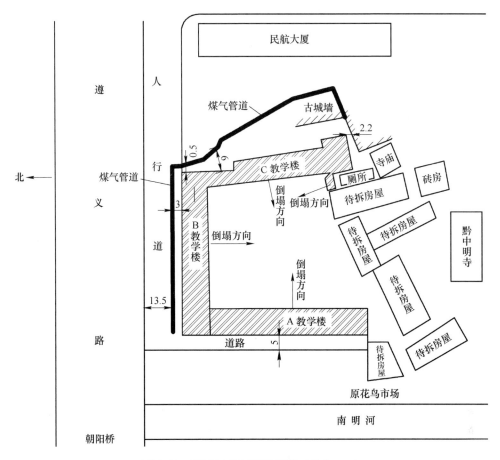

图 2-33 爆区四邻环境示意图（单位：m）

（2）预开切割缝区域。

1）A 楼与 B 楼相连接的部分需要全部预处理（处理范围 A 楼北侧的第一单元，该单元一楼为学生进出三中的通道），单元长 3.5m。主要处理二楼以上部分，使其不影响 B 楼的倒塌。

2）由于煤气管道从南端第一个单元的外墙脚通过，C 楼南端的第二单元预开一条切割缝。因此，第一单元在整体爆破前采用人工拆除，预开切割缝使爆破部分与保留部分分离。

（3）预拆除区域。

1）B 楼东侧一个单元，该单元长 6.1m，主要作用是保护 B 楼东北角 0.5m 处的竖向煤气管道。

2）C 楼北侧（与 B 楼相邻部位）一个单元，主要是因为它与东侧的贵阳市重点文物保护对象——明朝古城墙的距离仅有 0.8m，防止该单元倒塌时影响古城墙的安全。

3）A 楼南端的楼梯间预拆除，以保护邻近的建（构）筑物。

预开切割缝和预拆除区域如图 2-34 所示。

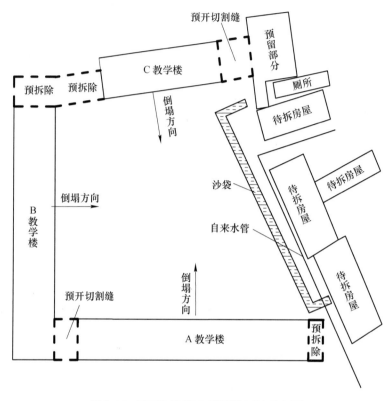

图 2-34　预开切割缝和预拆除区域示意图

（4）其他预处理区域。

1）A、B、C 楼一楼楼梯间踏步全部预处理，主要作用是建筑物在爆破后尽快形成爆破缺口并失稳倒塌。

2）A 楼所有立柱两侧的墙体高度超过相邻立柱炸高 0.5m、宽 0.4m，目的是为立柱创造临空面，使立柱获得良好的爆破效果。

3）A、B、C 三栋楼的一楼非承重墙部分人工处理成弧形洞，既减少了钻孔工作量、爆破用药量，还可以使砖墙变为砖柱，加快了建筑物的失稳并倒塌。

2.5.3　爆破缺口

A 楼一楼形成三角形爆破缺口，二楼只在沿倒塌方向 3/5 宽度内形成四边形爆破缺口；B、C 楼在一楼形成三角形爆破缺口，三楼只在沿倒塌方向 3/5 宽度内形成四边形爆破缺口。

本爆破拆除工程总钻孔数 3102 个，用炸药 81.2kg。

2.5.4 安全防护区域

（1）用胶皮网对立柱爆破区域进行三层捆绑防护，对墙体进行两层悬挂防护，对连系梁进行包裹防护。

（2）用沙袋对 B 楼人行道下埋设的自来水管和煤气管进行防护，在管道上方堆砌沙袋，堆高 1m，宽 1.5m。

（3）对 B 楼东北角裸露的煤气管道和 C 楼东侧（古城墙外侧）裸露的煤气管道用沙袋在四周和两侧堆砌，表面用胶皮网覆盖防护。

（4）由于古城墙修建于明代，属贵阳市的重点文物保护对象。因此，用沙袋沿古城墙堆砌，堆高超过墙高 1m，以免爆渣损坏古城墙。

（5）在操场的南侧还有部分低矮建（构）筑物，这部分建（构）筑物内有未搬迁住户。

因此，为防止爆破飞石、空气冲击波、爆体触地冲撞引起的爆渣塌散和飞石抛掷对建（构）筑物的损坏，用沙袋堆砌一道底宽 2.0m，顶宽 1.0m，高 3.8m 的防护堤，具体见图 2-35。

2.5.5 起爆顺序

从 A 楼、B 楼、C 楼同时起爆。A 楼由北向南依次传爆，B 楼由东向西依次传爆，C 楼由南向北依次传爆。

2.5.6 爆破网路

对于单栋楼而言，以 3/5 宽度为分界线，前面部分（倒塌方向）孔内 11 段，后面部分孔内 20 段，孔外过渡管用 1 段，跨间用 3 段，层间用 5 段，主网路采用交叉复式爆破网路，见图 2-36。

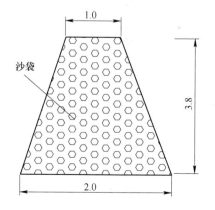

图 2-35 操场南侧沙袋防护断面图（单位：m）

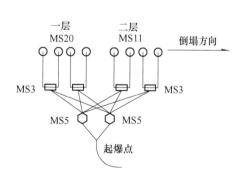

图 2-36 单栋爆破网路示意图

2.5.7　爆破效果

　　由于本次爆破采用了防尘技术措施，因此爆破过程清晰可见，各建（构）筑物倒塌方向明显，对周围管网、建（构）筑物未造成任何危害。具体爆破效果见图 2-37 ~ 图 2-39。

图 2-37　经预拆除后爆体全景

图 2-38　爆体倒塌情景

图 2-39　消防水车喷水降尘

2.5.8 砖结构建筑物爆破技术总结

（1）砖结构建筑物爆破拆除失败原因。砖结构建筑物爆破拆除失败表现在两个方面，一是建筑物在爆破后没有达到预期的倒塌效果而形成危险源；二是造成很大的爆破安全危害。

砖结构建筑物在爆破后没有达到预期的倒塌效果主要原因存在三个方面：

1）爆而不倒。主炸药爆炸后没有形成完整的爆破缺口主要原因有：

①砖砌结构建筑物的主要承重结构是横墙，与横墙交接的转角（或节点）较多，转角处夹制作用较大，如果转角（或节点）的炮孔角度、炮孔深度、装药量没有满足设计要求就会使转角（或节点）爆破不完全留下多个支撑体最后形成一个大的支撑面，导致整体结构爆而不倒。

②炮孔深度不够或超深，炸药爆炸后产生的能量没有均匀作用于炮孔周围的介质，导致爆破后一部分墙体跨塌，仍有一部分主要承重形成与立柱类似的支撑体。

③由于孔排距过大而单孔所承担的爆破体积有限导致爆破瞬间不能完全形成缺口。

④所取的单耗过低致使单孔装爆破释放的能量不能达到完全破坏炮孔周围介质的要求。

2）爆破后原地坐塌，即降低层数和高度，而且在坐塌后的建筑结构还保持相对稳定状态。其主要原因是建筑物内圈梁、楼板破坏不充分（尤其是低层为现浇板）且爆破缺口高度不够或只形成一个小的爆破缺口，建筑物在失稳后在没有获得足够运动加速度时缺口的上沿线与下沿线重合，则预留的砖墙支撑体抗剪能力较强使得建筑物整体坐塌；建筑物整体结构均匀，爆破后重心未发生较大偏移，产生整体坐而不倒的现象。

3）局部倒塌不完全。建筑物在爆破瞬间局部结构按设计方向倒塌而部分结构未发生倒塌，主要发生在两个位置：一个是楼梯间，因为楼梯间一般都有构造柱，其稳定性很好，一旦对踏步、横梁和构造柱爆破处理不好就会出现楼梯间整体倒塌不完全现象；另一个是预留的支撑墙体。一般在砖砌建筑物爆破施工中最后一面墙体（一般该面墙体不布孔）的上部分倒塌，但由于砖砌体建筑物倒塌速度快，墙体抗剪能力较差，在底层的后部墙体还未形成倾倒趋势时上面墙体折断，留下一层或一、二层的墙体。

对于爆破安全危害主要指的是因爆破产生的飞石、振动、空气冲击波、噪声、粉尘对周围的建（构）筑物、管线（包括露天铺设、空中架设、地下埋设的管线）、机械设备、人员和环境造成的危害。

（2）砖结构建筑物技术设计原则。

1）由于砖结构建筑物的横、纵墙较多，如采用原地坍塌方案，需要对多层的砖砌体进行爆破作业，工程量很大，成本较高，因此适宜采用定向倒塌爆破技术方案。

2）由于砖结构建筑物的抗剪性能低，适宜采用单向倒塌爆破技术方案，不宜采用双向折叠或单向多层折叠爆破技术方案。

3）对于实心砌体，适宜采用钻孔爆破方案；而对空心砌体，适宜在空心体内采用微型水压爆破技术方案或空腔微型裸露药包爆破技术方案。

4）为了确保砖砌体建筑物倒塌完全，破碎充分，适宜开两个以上的爆破切口。

5）设计时要充分考虑构造柱和圈梁的设置情况。

6）爆破缺口内的延期段别不能分得过多、延期时间不能过大，一般以两个段别为宜，前后起爆时差以 100～150ms 为宜。

砖结构建筑物的抗剪能力较差，爆破后在很短时间内会失稳倒塌，但在实际施工中，往往由于技术设计方案存在缺陷，会出现爆破后建筑物坐而不塌或是倒塌不充分，给后续处理带来很大的风险和难度。

（3）爆破缺口的预处理技术。一般爆破拆除工程中，在施工准备阶段对爆破缺口进行一定的预拆除处理是很常见的，其目的主要有：降低爆体缺口内构件的整体承载能力，使爆破后建（构）筑物很快失稳并按预定方向倒塌；减少钻孔、装药及安全防护工作量，以减少爆破总装药量，降低爆破震动危害；控制爆破的局部破坏范围，确保爆体定向的准确性。从预处理的施工对象来看，一般需要进行破坏的对象主要是砖砌墙体和薄板结构，而需要加固的对象可以是钢筋混凝土，也可以是砖砌墙体。

对于砖砌结构或砖混结构爆体而言，在不影响结构整体稳定的前提下可对爆破缺口内的墙体预处理成弧形洞，见图 2-40。

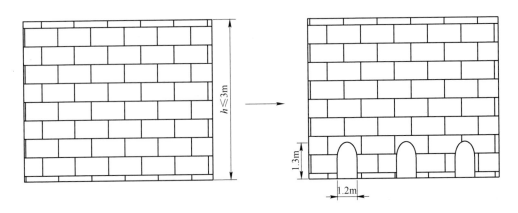

图 2-40 砖砌墙体预处理示意图

有混凝土立柱或抗震柱的情况下，对立柱附近的墙体预处理方式与图 2-41 一样，形成半弧形洞，使混凝土立柱或抗震柱尽可能完全暴露出来，既方便钻孔，又可以为爆体创造新的临空面。由于砖砌结构或砖混结构爆体的层高一般小于 3m，其墙体有一定的承载能力。因此，预处理后形成的单个弧形洞不宜过宽、过高，一般以拱高小于 1.3m、洞宽小于 1.2m 为宜。预处理区域主要是横墙，根据墙体的宽度处理 1~3 个弧形洞，纵墙一般有门、窗，在确保整体结构稳定的情况下可对门、窗的两侧做适当扩展。对楼梯间的处理与钢筋混凝土框架或筒架结构爆体楼梯间的预处理方式一样。

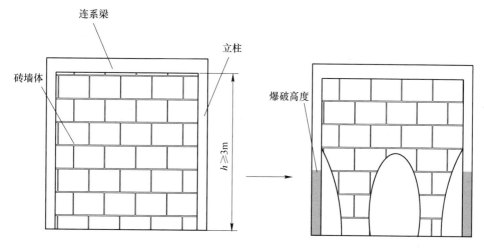

图 2-41 非承重墙高度大于 3m 的预处理示意图

3 烟囱的爆破拆除实例

3.1 贵阳电厂100m钢筋混凝土烟囱和80m砖烟囱定向爆破拆除

3.1.1 工程概况

（1）周围环境。在贵阳发电厂烟气治理技改工程中，有两座呈南北向排列的烟囱须拆除。其中，1号烟囱距北面新厂房45m，西面距待拆旧厂房14m，南侧距2号烟囱42m，东面距煤场85m，2号烟囱西面距待拆旧厂房13.07m，其正南方向为空地，东面距待拆浴室16m，周围环境详见图3-1。

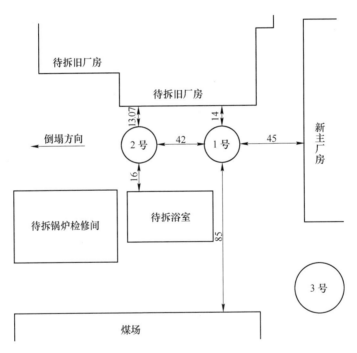

图 3-1　爆区四邻环境示意图（单位：m）

（2）烟囱的结构特点。1号烟囱为钢筋混凝土结构，高100m，±0.00m处外径9.2m、内径8.36m、壁厚0.42m，顶部外径5.6m，重心高41.5m，质量2439.166t；烟囱底部南北方向上有宽1.8m、高2m的出灰口各一个；5.0m处有厚22cm的现浇积灰平台，其下部的钢筋混凝土井字梁与烟囱浇灌成一整体；南北方向有宽 4m、高 7m 的烟道口各一个；在积灰平台中部有上口边长为 3m、高 2m 的正方形钢结构出灰漏斗一个。平台内有高 8m、厚 0.24m 的东西向砖砌隔墙（每隔一定高度镶有槽钢）；+5.0m 以上有厚 0.24m 的内衬；1 号烟囱东面外侧有钢结构爬梯延伸至烟囱顶部，并且有一避雷线。

2 号烟囱为砖结构，高 80m，±0.00m 处外径 11.06m、内径 9.06m、壁厚 1.0m，顶部外径 5.74m，重心高 33.2m，质量 3923.8t；烟囱底部东西方向上有宽 1.5m、高 1.7m 的出灰口各一个；5.0m 处有厚 22cm 厚的钢筋混凝土井字梁结构的积灰平台；南北方向有宽 3.5m、高 7.5m 的烟道口各一个；积灰平台上有高 14m 的砖砌隔墙，平台中部有上口边长为 3.5m、高 4.5m 的正方形现浇钢筋混凝土出灰漏斗一个；+5.0m 以上有 0.24m 厚的内衬；2 号烟囱同样有爬梯和避雷线。

1 号烟囱混凝土标号高、钢筋密；2 号烟囱筒壁厚、直径大。起爆前烟囱照片见图 3-2。

图 3-2 起爆前烟囱照片

3.1.2 主要工程特点

（1）在爆破拆除工作中不能影响毗邻的 9 号机组和升压站的正常运行。由于在 9 号机组和升压站内有很多电器设备相当灵敏，一旦有超过允许的振动值或产生大量粉尘附着，将引起电器开关跳闸，从而引起贵阳及周围地区大面积停电，所以要绝对避免爆渣和飞石对周围造成的危害，还要避免爆破震动和粉尘的危害。

（2）根据周围环境，两座烟囱的倒塌场地受到很大限制。

3.1.3 爆破设计

（1）烟囱倒向。对于 1 号烟囱，由于其底部南北侧各有一个宽 1.8m、高 2.0m 的出灰口，如果能选择东、西面作为倒塌方向，可以把这两个出灰口扩展成为定向窗，更有利于控制冷却塔的精准倒塌。然而，东面 85m 处有新建煤场和一座 260m 高的正在运行的钢筋混凝土烟囱，爆破拆除绝不能影响它们的安全运转，因此 1 号烟囱不能选择向东倒塌。1 号烟囱西面待拆主厂房内有发电设备需要搬迁，必须等两座烟囱、引风机房、麻石除尘塔、主厂房三期工程东侧的立柱全部爆破并清渣完成后，车辆才能进入吊装发电设备，发电设备全部拆卸和吊装完毕后才能爆破拆除主厂房；且在 1 号烟囱北面 45m 处是已经启用的新厂房，其内有正在运行的 9 号机组。显然，1 号烟囱在东、西、北三个方向都不具备倒塌条件。1 号烟囱的正南面除了 2 号烟囱外没有任何其他建筑物，而且场地的最窄处有 40.13m，只要采用毫秒延期于 2 号烟囱起爆，其倒塌场地的长、宽均能满足设计要求，因此 1 号烟囱选择向正南方向迟于 2 号烟囱倒塌。

对于 2 号烟囱，它的东面 85m 处是新建煤场，西面是待拆主厂房，北面与 1 号烟囱相距 42m，与 9 号机组相距 87m，在东、西、北三个方向都不具备倒塌条件。通过实地测量，2 号烟囱的正南面有长 115m、宽 68m 的空旷区域，其东、西面底部各有一高 1.5m、宽 1.9m 的出灰口，正好将其扩展成为爆破定向窗，所以 2 号烟囱也选择向正南方向倒塌。

（2）爆破拆除顺序。2 号烟囱先起爆，待倾倒趋势形成后，再起爆 1 号烟囱。两座烟囱的爆破有各自独立的起爆网路，分别通过单独的起爆器人为控制两座烟囱的起爆时间。

（3）爆破切口形式。

1）切口形式。在烟囱爆破拆除工程中常用的切口形式有长方形、梯形、倒梯形、反人形、斜形、反斜形六种，具体采取哪一种切口形式要结合烟囱的结构特点、周围环境、施工的难易程度和定向准确度的要求来综合考虑。

对钢筋混凝土烟囱而言，由于钢筋的间距、绑扎方式、氧化程度以及混凝土的浇筑方式、封堵部分与原支撑筒壁的强度差异等因素的影响，易使烟囱在倾倒过程中预留弧形壁体受力不均匀，压缩破坏过程产生不对称，因此其切口形式以三角形与梯形组合切口为宜。采用这种形式的切口，有利于预留弧形壁体压缩破坏过程的对称性，从而更有利于烟囱定向倾倒，因此 1 号烟囱选用三角形与梯形组合爆破切口。

对于砖烟囱，由于其抗剪能力较差，起爆后瞬间倾倒速度快，只要保证预留弧段满足设计要求，采用何种切口对烟囱的定向倾倒影响不大，而梯形切口的布孔与钻孔简单，效果较好。因此，2 号烟囱选用正梯形爆破切口。

2）切口圆心角。切口圆心角直接决定切口的展开长度，而切口长度决定了倾覆力矩的大小。切口偏长，倾覆力矩偏大，支铰易于破坏，不利于烟囱的平稳倒塌。爆破切口的长度是以烟囱的重力引起的截面弯矩（M_P）应等于或稍大于预留支撑截面极限弯力矩（M_R）为主要依据来确定的，但以此确定的切口圆心角往往偏大。通过类比，1 号钢筋混凝土烟囱的爆破切口圆心角选定为 220°。对于砖烟囱，切口圆心角（θ）一般为 180° < θ ≤ 240°，不过，若取值偏大，后坐现象明显，倒塌方向不准确。根据国内近几年来爆破拆除砖烟囱的经验，圆心角取 218° ~ 220° 时，烟囱倒向较准确，倾倒过程较平稳。考虑到 2 号砖烟囱壁厚大、稳定性好的特点，2 号烟囱的切口圆心角也取 220°。

3）切口高度和展长。

①切口高度。切口高度（H）是烟囱爆破拆除设计中的重要参数，据一般工程经验，$H = (1/6 \sim 1/4)D$，其中 D 为切口处烟囱的外径。本工程中，对于 1 号烟囱，其外径为 $D_1 = 9.2\text{m}$，切口高度取 $H_1 = (1/4)D = 2.3\text{m}$，实际取 $H_1 = 3.0\text{m}$；对于 2 号烟囱，其外径为 $D_2 = 11.06\text{m}$，切口高度取 $H_2 = (1/5)D = 1.84\text{m}$，实际取 $H_2 = 2.1\text{m}$。

根据图纸，并通过现场实际查看得知，1 号烟囱在 +0.5m 断面处正好是基础钢筋和筒体钢筋绑扎连接处。就烟囱爆破的切口位置而言，在满足切口高度的前提下，应尽量利于施工；另外，若从该标高开始布孔，便于底排孔的防护和钻凿，因此两座烟囱都从 +0.5m 处开始布孔。

②切口展长。经实测，1 号和 2 号烟囱切口中心截面处的筒体周长分别为 28.4m 和 33.44m，而切口圆心角都取 220°，故 1 号和 2 号烟囱切口展长分别为 $L_1 = 28.4 \times 220°/360° \approx 17.4\text{m}$，$L_2 = 33.44 \times 220°/360° \approx 20.4\text{m}$，见图 3-3 和图 3-4。

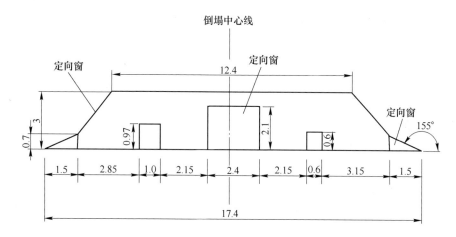

图 3-3 1 号烟囱爆破切口展开示意图（单位：m）

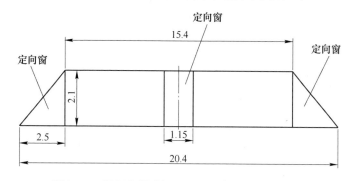

图 3-4 2 号烟囱爆破切口展开示意图（单位：m）

3.1.4　预处理施工

（1）1号钢筋混凝土烟囱。

1）用挖掘机把南、北侧从引风机房至烟囱烟道口的二层烟道砖混建筑物全部预处理。

2）封堵北侧出灰口。

3）封堵 +5.0 ~ +12.0m 处的北侧烟道口。

4）用爆破方式处理 +5.0m 处积灰平台的井字梁作分段处理，使混凝土脱笼，但不割钢筋。同时以爆破方式把积灰平台的现浇板切割分离成小块，把该标高处的钢结构出灰漏斗割掉。

5）把烟囱外部的爬梯和避雷线在 +0.3m 处割断，使其与地面完全分离。

6）用密集孔、小药量爆破方式开两侧定向窗，以凿岩机、风镐、手锤、凿子修正到设计尺寸，并把定向窗内露出的钢筋全部割掉。

7）南侧出灰口两侧和顶端的钢筋很密，用爆破方式分别向两侧各扩宽 0.3m，顶部扩高 0.3m，并把爆破后露出的钢筋全部割掉。

8）在 +1.00m 处将切口范围内的筒壁外侧的钢筋剔露出来并割断。

9）通过试爆确定单耗。

（2）2号砖烟囱。

1）用挖掘机把南、北侧从引风机房至烟囱烟道口的二层烟道砖混建筑物全部预处理。

2）用爆破方式把底部东、西侧出灰口扩成长三角形定向窗，并在南侧倒塌中心线位置开一个矩形定向窗。

3）通过试爆确定炸药单耗。

4）用实心黏土红砖、水泥砖和混凝土砂浆对 +5.00 ~ +12.0m 处的北侧烟道口进行封堵。

5）把烟囱外部的爬梯和避雷线割断，使其与地面分离。

6）用爆破方式在切口范围内试开两个缺口，以确定炸药单耗。

3.1.5　爆破施工

（1）1号钢筋混凝土烟囱。

1）支撑筒壁的布孔参数和单耗确定。支撑筒壁孔深 $l_1 = 0.25\text{m}$，孔距 $a_1 = 0.25\text{m}$，排距 $b_1 = 0.25\text{m}$，最小抵抗线 $w_1 = 0.17\text{m}$。

在两个定向窗内分别取 6 个孔进行试爆，单耗取 2000g/m³，单孔装药量为 56g，定向窗内混凝土脱笼。由于钢筋密（水平间距 10cm），主筋直径大（φ32mm），钢筋无明显变形，在设计倒塌中心线的对称两侧各取一个试点（每个点 5 个孔）爆破，单耗取 $2500g/m^3$，单孔装药量为 70g，定向窗内混凝土完全脱笼，箍筋（$\phi12mm$）炸断，主筋形成 1/2 的缺口，最后炸药调整为 $q_1 = 2800g/m^3$，单孔药量 $Q_1 = \delta_1 a_1 b_1 q_1 = 73.5g$（$\delta_1$ 为 1 号烟囱壁厚），实取 75g，支撑筒壁共钻孔 632 个，最后实际起爆炮孔 596 个，用炸药 44.7kg。

2）积灰平台。

①积灰平台的井字梁。积灰平台井字梁宽 0.4m、高 0.6m，共有 16 节，在每一节的中部各布 4 个垂直孔，孔深 $l_2 = 0.40m$，孔距 $a_2 = 0.25m$，最小抵抗线 $w_2 = 0.20m$，单耗取 $1500g/m^3$，单孔装药量为 $Q_2 = 90g$，分两层装药，每层 45g。积灰平台共布孔 64 个，用炸药 5.76kg。

②积灰平台的现浇板。积灰平台的现浇板厚度为 0.25m，按平行四边形分割，沿分割线布置单排孔，共布孔 60 个，单孔装药量 30g，共用炸药 1800g。

井字梁和现浇板的钻孔工序全部完成后，现浇板的炮孔分 4 次起爆，之后井字梁的炮孔也分 4 次起爆完成。

③南侧出灰口的两侧和顶部布置 14 个炮孔进行预爆破，使用炸药 980g。

3）积灰平台的清理。积灰平台残留有大量的粉煤灰，为避免粉煤灰的二次爆炸影响烟囱的倒塌方向，首先人工将积灰平台上的煤灰彻底清除，然后将隔墙人工拆除，以利于对积灰平台的现浇板和井字梁作爆破预处理。

4）封堵北侧出灰口。由于北侧为预留支撑面，考虑到出灰口的存在会导致两种后果：一是承压面积不够，二是受压不均匀。这两种情况的发生都会影响烟囱的倒塌效果，因此必须对出灰口进行封堵。首先，用 4 根槽钢垂直牢实支撑在出灰口内，再在出灰口的内、外侧安放与支撑筒壁同样的布筋方式和绑扎方式的钢筋网，然后在振动泵的配合下浇筑高标号混凝土，为了满足混凝土的凝结强度要求，烟囱的爆破要在封堵 7 天后方可进行。

5）用实心黏土红砖封堵 +5.0 ~ +12.50m 处的北侧烟道口。

6）用风镐、凿子将试爆后的定向窗修整成设计形状。

7）由于支撑筒壁的外层钢筋的混凝土覆盖层有 5cm，人工剥露出来很困难，应先用风镐剥除混凝土覆盖层，再人工用凿子把外层钢筋完全剥露出来，然后用氧割机把钢筋全部割断。

（2）2 号砖烟囱。

1）支撑筒壁的布孔参数和单耗确定。支撑筒壁孔深 $l_3 = 0.70m$，孔距 $a_3 = 0.40m$，排距 $b_3 = 0.30m$，最小抵抗线 $w_3 = 0.30m$。

通过在倒塌中心线位置用爆破方式开定向窗（最后经过修整倒塌中心线位置的定向窗宽度为 1.15m，高度为 2.1m），确定炸药单耗 $q_3 = 2100g/m^3$，单孔药量 $Q_3 = \delta_3 a_3 b_3 q_3 = 252g$（$\delta_3$ 为 2 号烟囱壁厚），实取 250g，开定向窗用炮孔 12 个，用炸药 3000g。支撑筒壁共钻孔 244 个，最后实际起爆炮孔 232 个（开定向窗炮孔除外），用炸药 58kg。

2）积灰平台。

①积灰平台的井字梁。积灰平台井字梁宽 0.5m、高 0.7m，共有 16 节，只对倒塌方向一侧的井字梁作爆破预处理，在该侧每一节梁的中部各布垂直孔，取孔深 $l_4 = 0.50m$，孔距 $a_4 = 0.25m$，最小抵抗线 $w_4 = 0.20m$，单耗取 1300g/m³，单孔装药量为 $Q_4 \approx 110g$，分两层装药，每层 55g。积灰平台的井字梁共布孔 32 个，用炸药 3.52kg。

②积灰平台的现浇板。积灰平台的现浇板厚度为 0.25m，共布孔 90 个，单孔装药量 30g，共用炸药 2.368kg。

3）用风镐将东、西两个出灰口修整成设计的宽 2.5m、高 2.1m 的定向窗。

4）用实心黏土红砖封堵 +5.0 ~ +12.50m 处的北侧烟道口。

5）在爆破前把积灰平台上的粉煤灰全部清除。

3.1.6　爆破实施

为了保证全部炮孔能够起爆，每个药包装 2 发毫秒延期导爆管雷管。

两座烟囱爆破共使用炸药 121.5kg、导爆管雷管 2015 发，其中主体爆破使用炸药 102.7kg、孔内雷管 1656 发、孔外连接管 154 发；试爆、开定向窗和预处理使用炸药 18.8kg、雷管 205 发。

孔内、孔外全部用 1 段非电毫秒延期导爆管雷管，并且主网路采用交叉复式起爆网路。两座烟囱有独立的起爆系统，在起爆时采用两个起爆器人为控制两座烟囱的起爆延期时间，让 1 号烟囱滞后 2 号烟囱 3.5s 起爆。

3.1.7　防护措施

为了避免飞石的危害，在切口位置采用三层胶皮网覆盖防护。

3.1.8　采用的减震措施

（1）在 1 号烟囱北侧距 9 号机组 5m 处开挖长 40m、宽 2m、深 2.5m 的减震沟。

（2）在烟囱的倒塌方向上铺设沙袋，从 2 号烟囱正南方 10m 处开始，铺设面积为 22m×20m 的 3 个沙袋堆积体，间距为 10m。在 1 号烟囱和 2 号烟囱之间铺设 1 个面积为 22m×20m 的沙袋堆积体，与两烟囱都相距 10m。沙袋堆积体的高度为 1m。

3.1.9　爆破效果

2001 年 7 月 18 日上午 10 点准时起爆，两座烟囱均按预定的方向倾倒，没有发生碎块飞出很远距离，烟囱帽未发生前冲现象，9号机组、升压站运转正常，没有对周围建筑物和厂房内设备造成任何危害，总体爆破效果很好。水利部长江科学院工程质量检测中心对9号机组的机座进行了监测，监测结果显示最大爆破振动速度为0.163cm/s，大大低于允许振速。通过爆破瞬间和爆破后的影像观测，发现有以下现象：

（1）砖烟囱在起爆后，倒塌速度很快，后坐明显，而且在筒体倾倒约25°时，在烟囱的约3/5高度处出现了横向错动，这从照片上可以清楚地看到。

（2）钢筋混凝土烟囱的实际倒向比设计倒向偏了2°，保留部分的混凝土呈马齿状断裂，钢筋被拉细，直至断裂，但各处钢筋的断裂不在同一高程上。

（3）钢筋混凝土烟囱上部呈碎渣块破坏，中部呈扁平状破裂，底部发生变形破坏。

具体爆破效果见图3-5~图3-8。

图3-5　砖烟囱开始起爆

图3-6　砖烟囱倒塌

3.1.10　总结

（1）1号钢筋混凝土烟囱的爆破，取220°的切口圆心角是合理的，从爆破情景来看，起爆后3~4s，烟囱就朝预定倒塌方向产生倾倒趋势。经爆后观测，保留部分的钢筋首先被拉伸变细直至最后断裂，各钢筋断裂点的高程从+0.2m至+1.3m不等。由此可见，由于钢筋的绑扎方式、间隔以及基座钢筋与烟囱主体钢筋绑扎连接点不在同一高程上，同时由于筒体材质不均匀，造成保留部分各点

图 3-7   钢筋混凝土烟囱倒塌过程

图 3-8   钢筋混凝土烟囱倒塌

的受力情况不一致，因而烟囱倒向发生了微小偏移。对于钢筋混凝土烟囱，在爆破前应把保留部分倾倒轴线两侧 1/4 预留弧长范围内筒壁外侧的钢筋剥离出来切断，以减少烟囱倾倒过程中的牵拉作用，尽量使保留部分各点受力均匀，防止烟囱倒向发生过大偏移。

（2）80m 高砖烟囱的爆破，出现较明显的后坐现象，其原因是烟囱整体质量较大，起爆后其倾倒时重力加速度相对很大，使保留部分瞬间所受的轴向压力和剪应力较大，起爆后烟囱预留支撑体的承压能力差。由此看来，对于砖烟囱的爆破，取 220°的切口圆心角是偏大了，应在 210°～216°较为合适。

（3）沙袋堆积防护带可以有效减小烟囱倾倒后的触地振动，并能控制烟囱触地碎块的飞溅和烟囱帽的前冲。

3.2   贵州大龙电厂钢筋混凝土烟囱爆破拆除工程

3.2.1   工程概况

大龙电厂始建于 20 世纪 70 年代，2 装机容量为 12000kW，随着国家经济的快速发展，社会对电力的需求越来越大，电厂的原有装机容量已不能满足社会经济发展的需求，且设备老化，对周边的环境污染严重，其运行成本很高，因此其主管部门决定对该厂进行关停和拆除并修建新的发电厂房。为了加快拆除速度，业主要求对原电厂的 100m 高的钢筋混凝土烟囱采用控制爆破技术予以拆除。

（1）周围环境。烟囱东面5m有一简易公路，5m以外为农田；南面为电厂公路和新建电厂施工用地；西北面22m处是大龙电厂主厂房；北面35m处是输煤栈桥，详见图3-9。

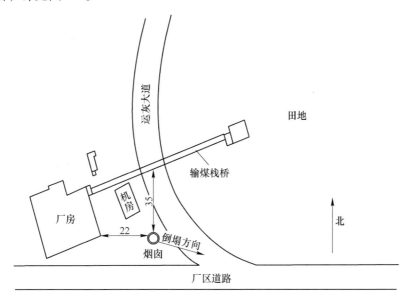

图3-9 爆区四邻环境示意图（单位：m）

（2）结构特点。

1）筒壁外、内半径。±0.00m处筒壁外半径为4.603m，内半径为4.188m；±100.00m处筒壁外半径为2.548m，内半径为2.318m。

2）筒壁厚度。±0.00～+17.50m为42cm，+17.50～+30.00m为24cm，+30.00～+40.00m为22cm，+40.00～+50.00m为20cm，+50.00～+60.00m为18cm，+60.00～+100.00m为16cm。

3）筒壁隔热层厚度。+5.00～+17.50m为8cm，隔热层采用粒状炉渣，$r \leqslant 1000$kg/m³；+17.50～+100.00m为5cm，隔热层采用封闭空气层。

4）筒壁内衬厚度。+5.00～+17.50m为24cm，+17.50～+100.00m为12cm，内衬为100号普通红砖砌体（25号混合砂浆），在+5.00m处有一积灰平台，其下部的钢筋混凝土井字梁与烟囱浇灌成一整体，板的厚度为15cm，梁的宽度为0.4m、高0.85m。在积灰平台中部有上口边长为3m、下口边长为0.6m、高为1.5m的正方形出灰漏斗一个。在烟囱北侧+6.00～+9.60m有一烟道口，烟道口高3.6m、宽2.8m；同时在烟囱南、北侧±0.00～+2.3m各有一出灰口，出灰口高2.3m、宽1.8m。在东侧有一钢结构直梯至烟囱顶部，在该侧安有避雷装置。

整个筒身混凝土标号为C20，筒壁体积为467.44m³，内衬体积为230.98m³，重心高 41.5m，总重量约 1794.99t。

3.2.2　烟囱结构特点

（1）烟囱在使用过程中在 +55.00 ~ +73.00m 的内衬多次发生垮塌现象，在对内衬垮塌处进行维修时由于发生过严重安全事故，使得维修工作中断，且在烟囱停止运行时内衬垮塌现象依然存在，并且在内衬垮塌处的外壁已出现开裂现象。

（2）在烟囱的 ±0.00 ~ +5.00m 内（即出灰口内）完全堆积满了已经凝结的煤灰，并且在积灰平台上堆积的煤灰高度有 2.1m。

3.2.3　倒塌方向的确定

根据烟囱的周围环境，选定烟囱的倒塌方向为东南 35°，即一条斜坡简易公路上。

3.2.4　爆破切口设计

（1）切口形式。常用的切口形式为梯形或四边形，但对钢筋混凝土烟囱而言，由于受到钢筋的间距、绑扎方式、氧化程度等因素的影响，易使其在倾倒过程中预留弧形壁体受力不均匀，压缩破坏过程产生不对称。根据国内外多项类似工程经验，其切口形式以三角形与梯形组合切口为宜，采用这种形式的切口，有利于预留壁体压缩破坏过程的对称性，从而更有利于烟囱定向倒塌。爆破切口的展长见图 3-10。

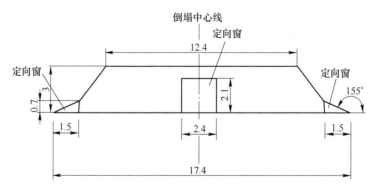

图 3-10　爆破切口展开示意图（单位：m）

（2）切口圆心角。切口圆心角直接决定切口展开长度，而切口长度决定了倾覆力矩的大小，切口偏长，倾覆力矩偏大，铰支易于破坏，不利于烟囱的平稳倒塌。爆破切口的长度是以烟囱重力引起的截面弯矩（M_P）等于或稍大于预留支撑面极限抗弯力矩（M_R）为主要依据来确定的，本工程依据类比法取爆破切口圆心角为 220°，见图 3-11。

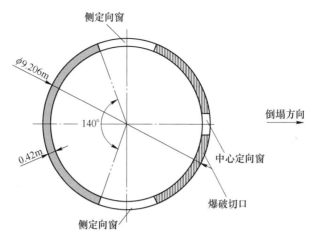

图 3-11 爆破切口断面图

（3）切口高度。

1）切口高度计算的取值原则。切口高度（H）是烟囱爆破拆除设计中的重要参数，据一般工程经验，$H = (1/6 \sim 1/4)D$，其中 D 为切口处烟囱的外径。本工程烟囱底部外径 $D = 9.206\text{m}$，切口高度 $H = (1/6 \sim 1/4) \times 9.026 \approx 1.534 \sim 2.302\text{m}$，结合排距本工程取 $H = 3.0\text{m}$。实现钢筋混凝土烟囱顺利倒塌的切口高度应按顺序满足 3 个条件：①切口范围内的混凝土被炸离钢筋骨架后，其轴筋在烟囱荷载作用下应能保证受压失稳；②切口上、下沿闭合时，烟囱的重心偏移距离应大于烟囱的外半径；③切口闭合时烟囱在自重作用下形成的倾覆力矩大于支撑截面的极限抗弯力矩。

2）已知条件。烟囱自重为 $P = 1794.99\text{t}$，烟囱重心位置自地面起高度为 $z_c = 41.5\text{m}$，轴筋直径 $\phi 19\text{mm}$，弹性模量 $E = 2.2 \times 10^{10}\text{MPa}$，抗拉强度 $Q_s = 387.8\text{MPa}$。

①关于失稳计算按底端固定、顶端自由的欧拉压杆公式，其失稳荷载为：

$$Prc = N\pi^3 E\phi^4 / [(16H/2)^2] \tag{3-1}$$

式中，N 为切口范围内钢筋的数量，$N = 46$ 根；H 为切口高度，取 $H = 3.0\text{m}$。

代入上式有 $Prc = 7088.6\text{kg} \approx 7.09\text{t}$。

因 $Prc < 0.05 \times P/2 = 0.05 \times 1794.99/2 = 44.87\text{t}$，故可确保烟囱失稳。

②切口上、下沿闭合时，烟囱的重心偏移距离计算。已知 $\alpha = 33°$，因此切口闭合时烟囱重心的偏移距离为 $S_1 = Z_c \cdot \tan\alpha = 41.5 \times \tan 33° = 26.95\text{m}$。

根据上式计算偏移距离 $S_1 >$ 烟囱底部半径 R_1，这说明烟囱在倾倒闭合时，其重心已偏离出烟囱底部半径以外 22.35m。

③切口闭合时，通过烟囱的倾覆力矩与预留支撑截面极限抗压能力的比较计

算。经过分析计算表明，尽管切口形成以后，切口内钢筋失稳，切口闭合时重心偏移距离也大于烟囱底部半径，但由于切口闭合时，其预留截面的受力状态发生了显著变化，即由部分轴筋受拉转化为全部轴筋受拉。若使烟囱在切口闭合后继续发生倾倒运动，就必须使烟囱自重引起的倾覆力矩大于预留截面的极限抗压力矩。这是实现钢筋混凝土烟囱顺利定向倾倒的重要条件，否则就可能使倾倒中的烟囱在闭合点被预留区的钢筋拉住，出现似倒非倒的危险状态。

根据满足上述条件的爆破切口高度验算公式：

$$H = \frac{k \times 3D^2}{8Z_c(1 + 7\sigma_s S/4p)} \tag{3-2}$$

式中　p——爆破切口以上总荷载，t；

　　　S——预留区钢筋截面总面积，cm²；

　　　σ_s——钢筋的抗拉强度，MPa；

　　　D——烟囱的底部直径，m；

　　　Z_c——烟囱的重心高度，m；

　　　k——保险系数，$k = 1.1 \sim 1.5$。

代入已知条件：$p = 1794.99 \times 10^3 kg$，$\sigma_s = 387.8 \times 10^5 MPa$，预留区钢筋有30根，其截面总面积 $S = 85 cm^2$。保险系数取1.2，计算得 $H \approx 1.213 m$。

设计所取的缺口高度为3.0m，此时保险系数 $k = 2.47$，烟囱倾倒的可靠性更大。故烟囱切口高度取3.0m是完全可行的。

（4）切口展长。该烟囱切口中心截面处的筒体周长为28.9m，切口圆心角为220°，展长 $L = 28.9 \times 220°/360° \approx 17.7 m$，实取17.7m。此值为切口底部展长，切口顶部取12.4m，切口两侧的三角形定向窗底长1.5m、高1.7m，角度25°，倒塌中心线的定向窗长取2.4m、高2.1m。

（5）切口位置。从 +0.50 ~ +3.50m。

3.2.5　施爆前的准备工作

（1）北侧底部的出灰口用钢筋混凝土封堵，封堵范围超过外缘上、左、右和外壁各30cm。

（2）倒塌中心线两侧各10°范围内的管线全部预拆除，待爆破完毕后恢复。

（3）与烟囱连接的烟道全部拆除。

（4）在设计爆破切口范围内钻孔。

（5）用爆破方式开定向窗，并把定向窗内的钢筋全部割断，同时通过试爆确定单耗。

（6）积灰平台以下部位的烟灰全部清除。

3.2.6 爆破器材的选用

（1）ϕ32mm 的乳化炸药；

（2）8 号瞬发电雷管；

（3）1 段非电雷管。

3.2.7 爆破参数

（1）孔径 $D_1 = 42$mm；

（2）孔深 $l = 0.6\delta = 0.6 \times 0.42 \approx 0.25$cm；

（3）孔距 $a = 0.25$cm；

（4）排距 $b = 0.25$cm；

（5）单耗 $q = 2800$g/m^3（此值经过类比所取，最后通过试爆确定）；

（6）单孔装药量 $Q_单 = q \cdot a \cdot b \cdot \delta = 73.5$g，实取 75g；

（7）布孔排数 $M = H/b = 3.0/0.25 = 12$ 排；

（8）切口展长平均按 15m 计算，则单排布孔数 $N = (15/0.25) - 1 = 59$ 个。

总布孔数 $X = 12 \times 59 = 708$ 个，开定向窗用 112 个孔，最后实际起爆孔为 596 个。

支撑筒壁开定向窗用电雷管 112 发，用炸药 8.4kg；最后起爆用非电雷管 1192 发（每孔内 2 发雷管），经试爆单孔实际装药量调整为 70g，用炸药 41.72kg。

井字梁布水平孔，共布 120 个孔，单孔装药梁 40g，共用雷管 120 发，用炸药 4.8kg。

本工程共钻孔 828 个，用电雷管 114 发（112 发用于开定向窗，2 发用于最后起爆），导爆管 1342 发（孔内用雷管 1312 发，孔外连接用雷管 30 发），用炸药 54.92kg（其中开定向窗用 8.4kg，最后起爆用 46.52kg）。

3.2.8 爆破网路

所有孔内装 1 段非电雷管，孔外也用 1 段非电雷管连接，主网路采用交叉复式起爆网路，用 MFD-100 型起爆器击发起爆。

3.2.9 爆破效果

爆破倒塌定向准确，但是由于起爆前一直下雨，预计触地区域的道路雨水蓄积，地面稀泥较多，尽管用沙袋在触地区域进行铺垫，然后再在沙袋上铺设两层胶皮网，但是由于烟囱触地冲击力较大，仍有部分稀泥飞散出去，对邻近一个临时水泥库房（距离 25m）的侧墙顶部造成破坏，另外烟囱帽破碎后部分飞散物对临近工地的一个混凝土基础造成损伤。具体爆破效果见图 3-12 ～ 图 3-14。

图 3-12　设计烟囱的倒塌位置图像

图 3-13　烟囱爆破瞬间图像

图 3-14　爆破效果照片

3.3　贵州贵定卷烟厂砖烟囱爆破拆除工程

3.3.1　工程概况

（1）周围环境。贵定卷烟厂有一废弃砖烟囱建于 20 世纪 70 年代，因基础沉降不均造成烟囱筒体局部下沉并且在 ±0.00 ~ +3.00m 范围内出现梯形裂缝，破坏范围的弧长达 3/5 周长，烟囱重心已向东偏心并呈继续发展趋势，若不及时拆除将随时威胁到厂内人员及财产的安全。该烟囱东面距锅炉房 8m；南面距一电杆 8m，距一废料房 14m；西南面 32m 处为一废弃工棚，48m 处为一挡土墙，西北侧有电杆等；北侧距一六角亭 12.5m。详见图 3-15。

（2）结构特点。该烟囱高 45.8m，±0.00m 处水平直径 4.8m，壁厚 0.50m，内衬 0.12m，+1.5m 水平直径 4.8m，壁厚 0.50m，内衬 0.12m，内径 3.56m，东侧底部有一出灰口，高 0.50m，宽 0.60m。在 +1.2m 处有一烟道口，烟道口高 2.0m，宽 1.2m。

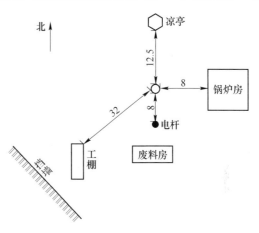

图 3-15 爆区四邻环境示意图（单位：m）

3.3.2 爆破方案

根据烟囱的周围环境，东侧有锅炉房及相应设备，南侧有废料房，西侧高压电杆，北侧有六角亭，最理想的倒塌方向是西南面，只要临时迁移一组高压线和拆除废弃工棚即可满足烟囱的倒塌条件。

3.3.3 工程难点

（1）倒塌场地很狭窄，对定向精度要求很高。

（2）烟囱的开裂面在东侧，而且在东侧既有出灰口，又有烟道口，而该侧又是作为支撑面，因此烟囱本身的结构对这次爆破十分不利。

3.3.4 爆破切口的设计

（1）切口形式：梯形。

（2）切口高度：1.3m。

（3）切口圆心角：216°。

（4）切口展长：$L = 3.14 \times 4.8 \times 216°/360° = 9.0432m$，实取 9m。

（5）切口位置：+1.5 ~ +2.8m。

（6）开定向窗。

为确保定向倒塌的准确性和可靠性，在爆破切口的两边用风镐各开一个定向窗，两边定向窗开成三角形，三角形底边与低于最底边炮孔 0.15m，三角形定向窗的尺寸为长 0.9m、高 1.3m。烟囱爆破切口示意图见图 3-16。

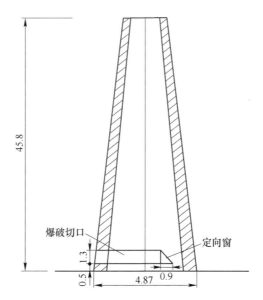

图 3-16　烟囱爆破切口示意图（单位：m）

3.3.5　爆破前的准备工作

（1）由于烟囱东侧底部区域已部分开裂，烟囱具有一定的安全隐患。为确保施工安全，在钻孔前，必须对烟囱进行局部加固处理，用混凝土封堵烟道口和出灰口，同时在保留的支撑筒壁外浇注高 3.5m，厚 0.5m，长度与保留体一致的混凝土砌体，并确保浇注完到起爆至少 7 天的混凝土凝固时间。

（2）倒塌范围的高压线临时撤离，爆破完后再恢复，高压电杆用沙袋呈半圆形堆砌防护，厚度 1.2m、高度 3m。在爆破前废弃工棚需要全部人工拆除。

3.3.6　爆破参数

（1）外壁参数设计。

1）孔径 $D = 42\text{mm}$；

2）孔深 $L = 0.66\delta = 0.66 \times 0.5 = 0.33$，实取 $L = 0.35\text{m}$（式中 δ 指烟囱壁厚）；

3）孔距 $a = 0.85L = 0.85 \times 0.35 = 0.2975$，实取 $a = 0.3\text{m}$；

4）排距 $b = 0.85a = 0.85 \times 0.3 = 0.255$，实取 $b = 0.26\text{m}$；

5）单耗 $q = 1300\text{g/m}^3$；

6）单孔装药量 $Q_\text{单} = q \cdot a \cdot b \cdot \delta = 1300 \times 0.3 \times 0.26 \times 0.5 = 50.7\text{g}$，实取 50g。

（2）内衬的处理。在爆破切口范围的内衬上布孔以形成与支撑筒壁相对应的切口，由于内衬厚度为12cm，钻孔极不方便，因此直接用手锤、凿子在内衬上凿装药孔。

1）孔尺寸：长×宽×高=6cm×6cm×6cm；

2）孔距 $a=0.3$ m；

3）排距 $b=0.26$ m；

4）单耗 $q=2600$ g/m³；

5）单孔装药量 $Q_单 = q \cdot a \cdot b \cdot \delta = 2600 \times 0.3 \times 0.26 \times 0.12 = 24.336$ g，实取25g。

内衬孔与支撑筒壁孔呈梅花形错开布置。支撑筒壁布孔114个，内衬布孔102个，合计216个。孔内用管、孔外连接管都用1段非电毫秒延期导爆管雷管。

由于烟囱筒壁已出现裂缝，不能用冲击和振动都较大的气腿装配式凿岩机钻孔，改用冲击电钻钻孔。

3.3.7 爆破效果

2002年1月24日上午10时起爆，倒塌方向准确，对周围建筑物、电杆没有造成危害，由于在保留体的外侧浇注一层混凝土进行加固，烟囱没有发生后坐现象。具体爆破效果见图3-17和图3-18。

图 3-17 爆破前烟囱图像

图 3-18 烟囱爆破失稳后倒塌图像

3.4　贵阳耐火材料厂原料车间砖烟囱爆破拆除工程

3.4.1　工程概况

（1）周围环境。爆破的砖烟囱高60m，东面1.1m处是原料车间，南、北面1.8m处均是需保护的建筑物，西面为空旷地。其周围环境见图3-19。

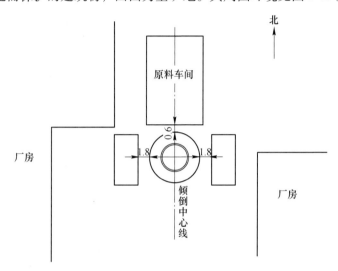

图 3-19　爆区四邻环境示意图（单位：m）

（2）结构特点。该烟囱于1967年由鞍山焦化材料设计研究院设计，20世纪70年代初建成并投入使用，烟囱底部内径5.54m、外径7.54m，顶部内径3.57m、外径4.56m。烟囱底部壁厚0.62m，内衬为高铝砖，厚度0.24m，中间的隔热层为矿渣层，厚度0.14m。在烟囱的南面有一爬梯可到烟囱顶部，且在烟囱顶部有一避雷针。

该烟囱投入使用已有20余年，在使用过程中，砌体筒身已经出现较宽的裂缝，在裂缝出现后曾对筒体进行过加固处理，在裂缝处增加钢筋和竖向钢片，并对其填充密封，但是加固效果并不佳，补过的裂缝继续开裂。烟囱上均为竖向裂缝，其宽度大多在3～8mm之间，有少数几条裂缝宽度在10mm以上，裂缝的位置大部分集中在9.8～40m高度之间。烟囱内衬同样也有破损，裂缝相对较多，烟囱附近的转窑混凝土支墩和配电房也出现不同程度的裂缝，目前烟囱已存在很大安全隐患，不能再投入使用，业主要求采用控制爆破技术尽快拆除该烟囱。

3.4.2　爆破方案

经过现场实测，在烟囱的西面有一宽35m、长200余米的空旷地，具备烟囱倒塌条件，因此选择向南定向倒塌的爆破方案。

3.4.3 技术设计

（1）缺口位置。为防止爆堆堆积影响定向倒塌的准确性，缺口高度定在 1.2m 以上位置，即离底部 1.2m 处开始布孔。

（2）缺口长度 L。缺口的长度的选择必须既能满足烟囱定向倒塌，又能保证支撑部分有足够的承压能力。通过计算得出此处的筒壁外周长为 23.48m，壁厚 0.62m，按 $L = 2/3$ 外周长定缺口，则 $L = 15.65$m，支撑部分弧长为 7.83m。

另算支撑体的抗压强度：

承压面积 $S = (L_1 R_1 - L_2 R_2)/2 = 6.7\text{m}^2$；

则承压能力 $p = R_砖 S = 300\text{t/m}^2 \times 6.7\text{m}^2 = 2010\text{t}$。

从原始设计资料得知烟囱的总重量为 1070.1t，倾覆力矩此时为 $M_e = 2001.1\text{N}\cdot\text{m}$，可见在缺口长度为 15.65m 时烟囱失稳后保留部分有足够的承压能力。

（3）缺口高度 H。当烟囱重心（高度 $H = 27.5$m）移到底部圆外时，烟囱倾角 $\alpha = \arcsin\gamma/H = 7.9°$，根据缺口闭合时重心偏移距离大于缺口处烟囱的外半径 (r)，有：

$$H > \frac{3}{2}r\tan\alpha \tag{3-3}$$

由此算得：$H > 0.78$ （m）。

根据国内外对同类烟囱的爆破设计经验，爆破缺口高度一般为 $(1.5 \sim 3.0)\delta$（壁厚）倍，即 $H = 0.93 \sim 1.86$m，根据缺口位置砌体的完好情况定 $H = 1.72$m。

（4）爆破参数的选择。

1）孔径 $\phi = 42$mm；

2）最小抵抗线 $w = 0.5\delta = 0.5 \times 62 = 31$cm；

3）孔距 $a = 1.5w = 46.5$cm，为了便于施工，调整 $a = 47$cm。

4）排距 $b = 0.9a = 42.3$cm，调整为 $b = 43$cm；排数 $m = 1.72/0.43 = 4$ 排；孔数 n：为使定向准确，在缺口两端各预开有矩形窗口，窗口高 1.72m、宽 1.0m，在倾倒中心线位置开一定向窗口（用炸药开小孔，以确定单孔装药量，然后人工用大锤、风镐修整成设计形状），高 1.72m、宽 1.4m，此时单排布孔数为 $(15.65 - 1.0 \times 2 - 1.4)/0.47 = 26$ 个，采用梅花形布孔，一、三排各布孔 26、二、四排各布孔 24 个，这样共布孔 100 个。

5）单孔装药量的确定。取单位耗药量 $q = 1000\text{g/m}^3$，此 q 通过 2 号岩石硝铵炸药来选取的，由于此次爆破拆除项目中使用乳化炸药，换算系数 R 取 0.9，则 $Q_单 = q \cdot a \cdot b \cdot \delta \cdot R = 1000 \times 0.47 \times 0.43 \times 0.62 \times 0.9 = 112.8$g。为了便于加工药包，调整为 110g，因二、四排边孔抵抗力大，故二、四排边孔药量各增加 10g，这样有 92 个炮孔的装药量为 110g，有 8 个炮孔的装药量为 120g。支撑筒壁共用炸药 11.08g。

内衬的处理方法：由于烟囱破损严重，不能采用钻孔法爆破，只有采用埋置药包法，即用凿子把以开裂或破碎的耐火砖轻轻移出，然后在相对比较稳定的耐火砖上掏出装药孔，孔间距 0.24m，排间距 0.24m，共形成装药孔 36 个，单孔装药量取 60g，则用炸药 2160g。

整个爆破工程共布装药孔 136 个，孔内用雷管 272 发（每个孔内装双发雷管），用炸药 13240g，开定向窗的消耗除外。

对箍筋和竖向钢片的处理方法：

由于爆破缺口内的砖必须采用抛掷爆破，以利于烟囱的稳向倾倒，根据 $r/w >$ 1.1，则 $r > 1.1 \times w = 1.1 \times 25.5 = 28.05cm$。即在爆破缺口的最上一排炮孔向上和最下一排炮孔向下各延伸 30cm 的区域内所有竖向钢筋（片）和箍筋全部割除。

在 +1.5m 位置割断避雷针。

3.4.4　爆破效果

烟囱爆破定向准确，爆渣在塌散时对原料车间一楼的墙体有所挤压，造成该面一楼墙体形成墙洞。

3.5　贵阳剑江水泥有限公司湿法回转窑烟囱爆破拆除工程

3.5.1　工程概况

（1）周围环境。贵州省都匀市贵州剑江水泥有限公司湿法回转窑钢筋混凝土座烟囱拆除：70m 高，如图 3-20 所示。

图 3-20　烟囱立面图

烟囱的周围环境如下：

烟囱东面约 4m 处有厂房，距东北方向约 4m 处有厂房，距西面约 14m 处有厂房、道路，南面有值班室与树木的空旷地带。烟囱四邻环境具体见图 3-21。

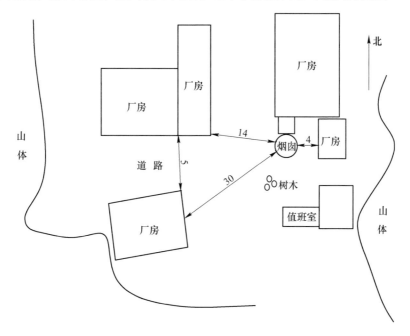

图 3-21　烟囱四邻环境示意图（单位：m）

（2）结构特点。烟囱均为钢筋混凝土结构，其结构特点有：

烟囱高 70m，筒身及基础材料为 C20 砼，内衬用 75 号普通黏土砖，M75 水泥石灰砂浆砌筑。筒身厚度：烟囱底座壁厚为 35cm，上口处壁厚为 14cm，有内衬。下口直径为 6.38m，上口直径为 3.24m。北面 8m 处有一烟道口。

3.5.2　爆破方案

根据现场勘测综合利用南向烟道口，选择烟囱爆破方案向西南定向倒塌，倒塌范围为 80m×20m，见图 3-22。

3.5.3　技术设计

（1）爆破切口形式。采用梯形爆破切口，两侧开定向窗。

（2）切口圆心角。切口圆心角直接决定切口展开长度，而切口长度决定了倾覆力矩的大小，切口偏长，倾覆力矩偏大，铰支易于破坏，不利于烟囱的平稳倒塌。爆破切口的长度是以烟囱的重力引起的截面弯矩（M_p）应等于或稍大于预留支撑截面极限抗弯矩（M_R）为主要依据来确定，本工程依据类比法取爆破缺口圆心角为 220°，见图 3-23。

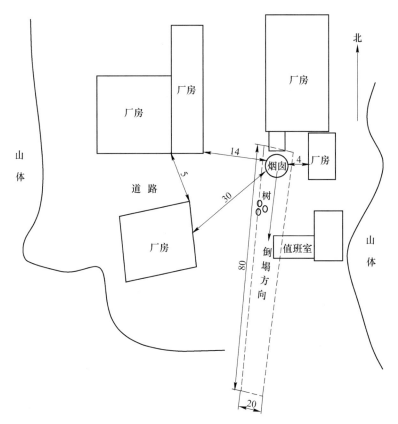

图 3-22　烟囱倒塌范围示意图（单位：m）

（3）切口展长。该烟囱切口中心截面处的筒体周长为 20.04m，切口圆心角为 220°，底部开切口展长 20.04 × 220°/360° = 12.24m，顶部取 9.24m。根据烟囱的结构特点和倒塌方向控制，切口两侧预开三角形定向窗，定向窗底长 1.5m，高 3m，中间开 2m×3m 的定向窗，见图 3-24。

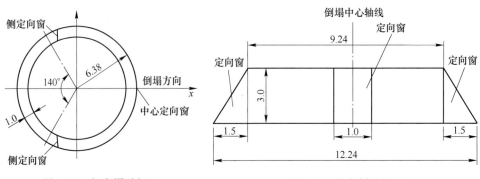

图 3-23　烟囱爆破切口
断面图（单位：m）　　　　　　图 3-24　烟囱爆破切口
　　　　　　　　　　　　　　　展开图（单位：m）

（4）切口高度。切口高度（H）是烟囱爆破拆除设计的重要参数，据一般工程经验，$H =（1/6 \sim 1/4）D$，其中 D 为切口处烟囱的外径，本工程中烟囱底部外径 $D = 6.38$m，缺口高度取 $H =（1/6 \sim 1/4）D = 1.06 \sim 1.59$m，考虑到倒塌场地有限，尽量缩小烟囱的触地范围，实取 $H = 3.0$m。见图 3-25。

（5）缺口位置。从烟囱底部平台起 $+0.8 \sim +3.8$m。

（6）施爆前的预处理工作。

1）用机械破碎开定向窗，同时通过试爆确定单耗；把开定向窗后露出的钢筋割断。

2）将爆破缺口范围内筒身上的管架（含避雷线）全部拆除。

3）烟囱底座周围 3m 范围内的建（构）筑物全部拆至地坪。

4）在爆破切口范围内的 $+1.500$m 处把外侧的钢筋人工剔出并在爆破前割断。

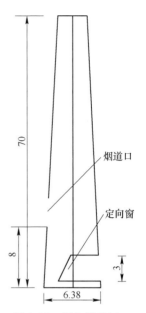

图 3-25 烟囱爆破切口立面图（单位：m）

（7）爆破参数。

1）孔径 $\phi = 40$mm；

2）壁厚 $B = 35$cm；

3）孔深 $L = 0.67B = 23.45$cm，取 25cm；

4）孔距 $a = 1.2L = 28.14$cm，实取 30cm；

5）排距 $b = 0.8a = 23.2$cm，实取 25cm；

6）单耗 $q = 5000$g/m³；

7）单孔装药量 $Q = q \times a \times b \times B = 54.38$g，实取 60g。

采用梅花形布孔方式，扣除出灰口面积外，经计算统计烟囱爆破缺口内混凝土部分（开定向窗的炮孔除外）布孔 460 个，用炸药 27.6kg，在每孔内装 1 发雷管，共用非电毫秒延期导爆管雷管（孔内）460 个。

（8）烟囱内衬处理。内衬爆破缺口高度为 2m，内衬半径为 4.41m，内衬钻孔作业完毕后与外壁主炮孔一起起爆。

1）孔径 $\phi = 40$mm；

2）内衬壁厚 $B = 65$cm；

3）孔深 $L = 0.5B = 32.5$cm，取 35cm；

4）孔距 $a = 1.2L = 30$cm，实取 30cm；

5）排距 $b = 0.8a = 24$cm，实取 30cm；

6）单耗 $q = 5000$g/m³；

7）单孔装药量 $Q = q \times a \times b \times B = 108g$，实取 100g。

采用梅花形布孔方式，扣除出灰口面积外，经计算统计烟囱内衬爆破缺口内布孔 210 个，用炸药 21kg，在每孔内装 1 发雷管，共用非电毫秒延期导爆管雷管（孔内）210 发。

则钢筋混凝土烟囱拆除共计需布孔 670 个，使用 ϕ32mm 乳化炸药计 50kg，耗用雷管（含连接雷管）计 670 发。

3.5.4 起爆器材

（1）1 段、5 段（110ms）、11 段（460ms）非电毫秒延期导爆管。

（2）8 号瞬发电雷管。

（3）ϕ32mm 乳化炸药。

3.5.5 爆破网路

网路采用交叉复式爆破网路，具体爆破网路如图 3-26 所示。烟囱孔内装 11 段非电雷管，烟囱孔外用 1 段和 5 段非电雷管连接，内壁和外壁进行延期起爆。

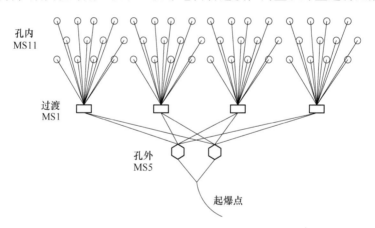

图 3-26　爆破网路示意图

3.5.6 爆破效果

烟囱定向准确，爆破效果良好。

3.6 凯里电厂砖烟囱爆破拆除工程

3.6.1 工程概况

烟囱为主厂房拆除的附属工程，其南面 13m 处堆放着一部分旧设备和废旧砖块，西面系主厂房，相距 13m，北面距要拆除的输煤栈桥 9.0m，距地下水管、电缆 45m, 东面距办公楼 61m, 周围环境见图 3-27。

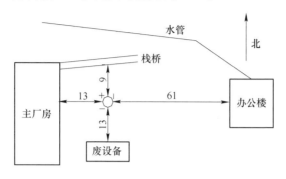

图 3-27　烟囱周围环境示意图

该烟囱高 46m, 底部外径 4.355m, 顶部外径 2.0m, 壁厚 0.49m; 其内部的隔热层和耐火砖分别为 0.05m 和 0.24m。

烟囱使用过程中顶部出现开裂, 故将顶部 15m 拆除后重新修建, 由于质量问题, 烟囱重修部分在使用过程中出现向南倾斜的情况, 经实测其倾角已有 4.2°。

3.6.2　爆破方案

根据周围环境, 选择烟囱向东面定向倒塌的爆破方案。

3.6.3　爆破缺口设计

(1) 爆破缺口形状。采用矩形爆破缺口。

(2) 爆破缺口位置。离地面 1.0m 以上位置。

(3) 缺口弧长。为给烟囱倒塌产生足够大的倾覆力矩, 同时保证保留部分有一定的承压能力, 根据经验, 选缺口弧长为圆周长的 2/3, 即 $L = 2/3 \times 13.05 = 8.7m$。此时:

偏心距 $e = 1.04m$;

倾覆力矩 $Me = 3261.44 N \cdot m$;

承压能力 $P = 50S = 941t$;

烟囱的总重量为 403t, 由此可见, 缺口弧长为 8.7m 时烟囱在失稳状态下保留部分有足够大的承压能力。

(4) 缺口高度。根据经验, 开口高度一般为 (1.5 ~ 3.0) δ, 即 $H = 0.735 \sim 1.47m$, 这里取中间值 $H = 1.2m$。

3.6.4　爆破参数设计

(1) 孔径 $\phi = 42mm$。

(2) 孔深 $L = 0.33m$。

（3）孔距 $a = 0.33\mathrm{m}$。

（4）排距 $b = 0.30\mathrm{m}$。

（5）单耗 $q = 1200\mathrm{g/m^3}$。

（6）单孔装药量 $Q_{\text{单}} = q \cdot a \cdot b \cdot \delta = 1200 \times 0.33 \times 0.3 \times 0.49 = 58.212\mathrm{g}$，调整为 60g。

在爆破缺口的两端各开一个矩形定向窗，定向窗宽 0.88m，高 1.2m，布 4 排孔，共布孔 82 个。

3.6.5　烟囱内衬的处理

采用手锤和凿子在耐火砖上掏出装药孔，孔间距 0.3m，排间距 0.25m，布置 3 排孔，共布孔 41 个。单孔装药量为 60g。

3.6.6　爆破效果

1995 年 4 月 27 日下午 4 时起爆，设计为烟囱与主厂房同时起爆，但是在起爆后主厂房按设计方向倒塌，从粉尘产生的效果看烟囱也有爆破迹象，但是未倒塌。

在爆破后 10min 工程技术人员近距离检查，发现烟囱的设计爆破切口内的支撑筒壁已爆破，砖块完全抛出，但内衬未破坏，爆破切口未完全形成。

具体爆破效果见图 3-28 和图 3-29。

图 3-28　起爆前照片

3.6.7　对烟囱的最后处理方案

由于烟囱的爆破缺口内的外壁已经爆破，内衬已完全暴露出来，留下了很大的安全隐患，必须及时处理。经过 30min 的观察，烟囱暂时处于相对稳定状态，项目组立即决定采用裸露药包爆破法进行处理，具体采用三个药包，每个药包 4.5kg，为了缩短糊药时间，提前加工好药包，准备黏性较好的黄泥，铺设好起

图 3-29 爆后烟囱未倒照片

爆主线,设定好起爆位置,同时把警戒距离扩大到 200m,留下观察哨,由 3 名具有丰富经验的工程技术人员在预先设定好的内衬壁上贴制作好的药包,整个过程(进入作业点、糊药、撤离、连接起爆电雷管)1min 24s。起爆后,烟囱仍然按预定方向倒塌,未对周围的人员、管线、建(构)筑物造成危害(见图 3-30)。

3.6.8 失败原因分析

爆破设计切口内的外壁完全破坏抛掷,但烟囱内衬完好支撑,对内衬的具体情况进行检查,发现内衬未被破坏的原因有以下几方面:

(1)直接原因。施工人员并没有按照

图 3-30 烟囱的二次爆破倒塌图像

设计在耐火砖上用手锤、凿子等工具掏出装药孔,而是采用裸露药包爆破法用黄泥把药包糊在内衬上,爆破前,所有的裸露药包已脱落,根本未起到爆破的效果。通过对施工人员的询问,烟囱内的煤灰堆积高度有 1.2m,而且内衬上附着的粉尘厚度有 3～5cm,施工时风大使烟囱内充满扬尘,加之耐火砖的质量很好,作业条件恶劣,装药孔凿钻困难,施工人员并未向现场的施工负责人和技术员汇报这些情况,使得爆破缺口未能达到设计要求,直接导致烟囱爆而不倒的情况且构成了极大的安全隐患。

(2)间接原因。本工程中技术员严重失职,按照《拆除爆破安全规程》(GB 13533—1992)的 7.3.3 条"装药前,现场工程技术人员应对炮孔逐个进行验收,并编号登记;标明地段(位置)数目、尺寸,对于不符合设计要求的炮孔要特殊说明，由设计人员处理"，同时 7.4.5 还规定"应由专人负责各区段和其间的爆破网路连接，并检查连接后的网路参数"。显然，本工程的技术员并未严格按照《拆除爆破安全规程》（GB 13533—1992）对形成装药孔、装药、联网工序进行仔细的验收、检查、监督。

（3）管理原因。检查、装药和联网工作应由施工负责人和技术员亲自监督完成，在本工程中，施工负责人和技术员认为砖烟囱爆破施工简单，只对现场施工人员进行了技术交底，因烟囱内施工环境相对较脏、累，既不亲自参与装药和联网，也不作施工监督、查检，抱有侥幸心理，存在严重的管理缺陷。

3.6.9　对类似施工条件的内衬处理措施

（1）设计调整。如果烟囱当内衬的砌筑质量很好、耐火砖的强度很高的情况下，用手锤、凿子要形成装药孔其难度很大，主要存在工效低、劳动强度大、施工困难等特点，此时最好采用钻孔法成孔。

（2）施工方法的调整。本工程中内衬施工的一大难点就是粉煤灰的影响。首先，用水喷湿堆积的粉煤灰并将其全部清出烟囱，给内衬的施工创造一个好的作业环境，粉煤灰的颗粒很小很细，最好的处理方法是使工人穿上水胶鞋戴上防尘口罩边喷水边清运出烟囱；其次，用水喷淋作业区的内衬，使附着在内衬上的粉尘全部被冲刷掉；最后，施工人员可以佩戴上防尘口罩、护目镜，采用湿式钻孔法进行钻孔作业。由于烟囱内的空间很小，可以双人抬起凿岩机，一人操作钻孔机械。

3.6.10　烟囱爆破拆除设计原则

（1）确定倒塌方向。确定倒塌方向的依据主要有两个方面：一是爆体周围环境中要有充足的倒塌范围，尤其是预计倒塌中心线两侧建（构）筑物和管网情况以及与倒塌中心线的相对距离，二是利用烟囱本身的结构特点形成有利于倒塌的切口，一般在烟囱的底部会有 1 个或 2 个出灰口（或烟道口），尽可能充分利用出灰口（或烟道口）作为定向窗，或者稍作修整形成定向窗，否则需要对出灰口（烟道口）进行封堵，这样便会增加施工成本，还要考虑新封堵部位是否达到要求强度，如果新封堵区域的材料与原筒壁材料的强度不一致，保留体的承载能力也会不一致，这样会使烟囱的倒向发生偏移。

（2）确定倒塌中心线。对于烟囱爆破，确定倒塌中心线是最重要的，而倒塌中心线是由倒塌场地决定的。因此，首先要根据倒塌场地确定倒塌中心线，一般有两种确定方法。

1）当倒塌场地相对较宽，倒塌方向允许有一定的偏移而且爆渣的堆积范围不受太大限制时，可在预定倒塌中心线上取两点，一点与建筑物的距离为爆体高度，另一点与建筑物的距离为爆体高度的1/2，然后用两标杆放置在两点上，通过目测在爆体上确定倒塌中心线。

2）当倒塌场地较窄，烟囱较高（超过60m），这时需要用经纬仪或全站仪来确定中心线，同样是在设计倒塌中心线上取两点，其中一点到爆体的距离为爆体的高度，通过仪器在爆体上精确倒塌中心线的位置。

（3）确定烟囱切口形式。目前，用的较多的切口形式是长方形切口、梯形切口、三角形与梯形组合切口，见图3-31～图3-34。对于倒塌场地较好的砖烟囱一般选长方形切口、梯形切口，而对钢筋混凝土烟囱一般选三角形与梯形组合切口，主要是因为钢筋的间距、绑扎方式、氧化程度等因素的影响，烟囱在倾倒过程中容易出现预留弧形壁体受力不均匀、压缩破坏过程产生不对称的情况，而采用三角形与梯形组合切口，有利于预留弧形壁体压缩破坏过程的对称性，从而更有利于烟囱定向倾倒。

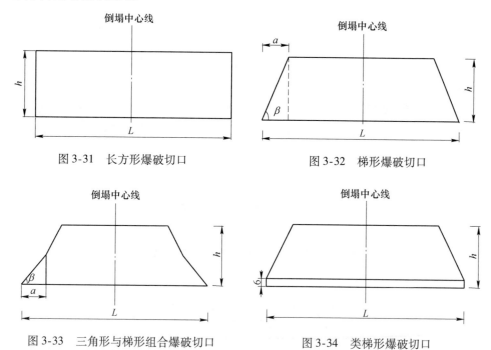

图 3-31　长方形爆破切口　　　　　　　图 3-32　梯形爆破切口

图 3-33　三角形与梯形组合爆破切口　　　图 3-34　类梯形爆破切口

（4）确定切口范围。从切口中心线向两侧引出的切口底边长和顶边长必须对称相等。

（5）开定向窗。开定向窗的方法主要有两种：一种是利用爆破成窗；另一种是用凿岩机和风镐机械成窗。对于脆性较大的砖结构筒壁，考虑到爆破的破坏范围很大，一般采用凿岩机和风镐开凿定向窗；而相对钢筋混凝土筒壁，一般采用爆破开凿定向窗，其边角可采用凿岩机和风镐开凿修整，这样即可加快施工进度，通过爆破开凿也有利于确定烟囱爆破的单耗。

（6）出灰口（或烟道口）和积灰台的处理。对于钢筋混凝土筒壁，考虑到其强度问题，一般原支撑筒壁混凝土标号是 C30，所以可以用槽钢和 C35 混凝土封堵，配合振动泵使砂浆均匀密实。封堵在外侧时需超过原厚度 0.5m，两侧和顶部各 0.5m。对于砖烟囱，可用黏土实心砖封堵，且需超外墙 0.5m。

一般电厂的烟囱都有积灰平台，对倒向一侧的积灰平台的井子形梁钻水平孔（由于积灰平台有大量煤灰，要钻垂直孔必须先清理，但污染很大，对周围环境和清理人员造成极大危害），与爆破切口同时起爆。

（7）烟囱钢筋预处理。

1）由于出灰口两侧和顶部的钢筋很密，如果出灰口是在爆破切口范围内，应尽可能提前爆破并将钢筋割掉。

2）在切口范围内将离地面 1m 的钢筋人工剔出并割断，同时在支撑范围内对应切口底边同一高程的外侧钢筋剔出并割断，以加快烟囱失稳倒塌速度。

（8）内衬的处理。一般砖烟囱都有内衬，主要由耐火砖砌筑而成，如提前处理可能会发生大面积耐火砖的垮塌，对施工人员构成安全危害。因此，应采用与外壁同时爆破处理的方式。若烟囱内径很小，或经过长时间使用后耐火砖的破损严重，这时可以借助手锤、凿子在耐火砖上掏装药洞，见图 3-35。若内径较大且耐火砖的质量较好，没有明显的破碎、垮塌迹象，建议采取钻孔作业，形成装药孔，见图 3-36。

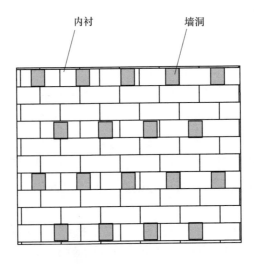

图 3-35　手工形成的装药洞

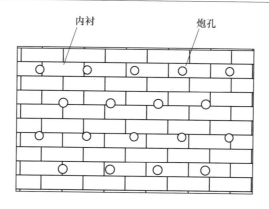

图 3-36 风动凿岩机形成的装药孔

（9）安全防护措施。由于高耸构筑物一次起爆的雷管数量不多，因此孔内多使用同一段别的非电雷管，孔外使用低段别的非电雷管，会减少因雷管延期时间误差带来的药包同时起爆误差。

对爆破点采用柔性材料进行覆盖防护，对靠近有重点保护对象的一面进行加强防护。依据现场环境确定采用减震技术措施及其所需的材料。

3.6.11 烟囱爆破拆除失败原因分析

烟囱倒塌失败的形式与原因有以下几种：

（1）倒塌方向发生偏移，对周围的保护体造成危害。主要原因：预先设计的倒塌中心线不准确，两侧预开定向窗的位置、形状、尺寸不符合设计要求。

（2）爆渣的塌散范围超过预计范围，对周围的保护体造成危害。主要原因：对爆渣的塌散范围预计不准确，特别是未考虑顶端部分和附属结构物的影响。

（3）烟囱触地时产生的二次振动和飞石造成安全危害。主要原因：未采取相应的减震措施或对有缺陷、对触地区域的渣块没有清除，尤其是流散性较好的雨水或稀泥，爆破触地时受冲击作用与碎渣块一起飞散出去构成安全隐患。

（4）烟囱爆而不倒形成安全隐患。主要原因：孔网参数取值过小，单孔的破坏体积有限；装药单耗过小，爆破切口未完全形成；内衬的处理效果较差，导致出现爆而不倒的现象。

4 水塔和冷却塔的爆破拆除实例

4.1 贵州宏福实业开发有限总公司马场坪家属区水塔爆破拆除工程

4.1.1 工程概况

（1）周围环境。贵州宏福实业开发有限总公司马场坪家属区有一水塔需拆除，该水塔东面为花棚，13m 处为沙石空地，水塔与菜地的高差为5.3m；南面为花棚；西面4m 为花棚；北面2.5m 处为花棚，花棚北面17.5m 处为住宅楼，具体四邻环境详见图4-1。

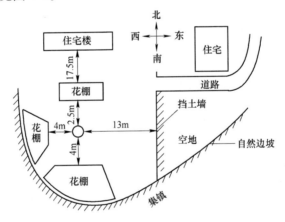

图 4-1　爆区四邻环境示意图

（2）结构特点。水塔为钢筋混凝土结构，支撑筒壁外径1.6m，内径1.24m，壁厚0.18m，高21.00m，在 +1.50m 处有一门洞，门洞高2.1m，宽1m，在 +6.00m、+11.00m、+21.00m 处有平台，在 +4.75m、+7.25m、+9.75m、+12.25m、+14.75m、+17.25m、+19.75m 有窗洞，窗洞直径为0.6m，储水部分为圆锥体，顶部直径6m，高4m，储水体在地面浇注完毕后吊装并固定在支撑筒壁的顶部。

4.1.2 倒塌方向

经实地勘测和比较，选倒塌方向为正东方向。

4.1.3 工程难点

（1）水塔西侧底部的门洞口要用钢筋混凝土进行封堵，封堵的质量、强度、尺寸要满足工程要求。

（2）倒塌触地区域地形变化很大，为了避免因地形突变造成水塔端部倒塌方向改变或局部位置受到猛烈冲撞产生混凝土块飞溅造成飞石危害，因此必须改造触地区域的地形。

（3）设计储水容器的触地区域南面3m为一土坡，土坡下为集镇，有大量居民楼，对定向准确性的要求很高，然而支撑筒壁截面积较小，而顶端的质量很大，形状独特，怎样来确保定向倒塌的准确性极为重要。

（4）触地区域全为砂砾地，有大量的石子，要完全杜绝水塔猛烈冲撞地面时引起次生飞石危害。

（5）顶部储水容器为圆锥体，与支撑筒壁的顶部焊接成一体，在倒塌和触地过程中，储水容器与支撑筒壁是否会分离，一旦分离后储水容器是否会发生滚动对周围环境造成危害。

（6）触地区域附近是宏福公司的家属楼，经测量，储水容器的触地点离最近住宅楼仅有9.2m，产生的二次触地振动是否会对周围的住宅楼构成危害。

4.1.4　爆破切口设计

（1）切口形式：梯形切口。

（2）切口圆心角：按照一般圆形支撑筒壁建筑物的爆破经验，设计取圆心角220°。

（3）切口高度：取1m。

（4）切口展长：该切口中心截面处的筒体周长为7.536m，切口圆心角为220°，梯形底部展长 $L = 7.536 \times 220°/360° = 5.024m$。实取 $L = 5.0m$，梯形切口顶部取3.0m，切口两侧的三角形定向窗底长0.5m，高1.0m，角度为63°。

（5）切口位置：从 +0.5 ~ +1.5m。

4.1.5　爆破参数设计

（1）孔径 $D = 42mm$。

（2）孔深 $L = 0.6\delta = 0.6 \times 0.18 = 0.108$，实取 $L = 0.11m$（式中 δ 指支撑筒壁壁厚）。

（3）孔距 $a = 0.2m$。

（4）排距 $b = 0.2m$。

（5）单耗 $q = 2800g/m^3$。

（6）单孔装药量 $Q_单 = q \cdot a \cdot b \cdot \delta = 2800 \times 0.2 \times 0.2 \times 0.18 = 20.16g$，实取20g。

最后，实际布孔数为 100 个（开定向窗的区域除外）。

4.1.6　采取的施工技术措施

（1）由于此次爆破要求倒塌方向精准且不能出现一点偏移，因此先用经纬仪确定切口中心线，再用钢卷尺把切口范围全部测出，并用红油漆标出爆破切口中心线、切口区域、定向窗区域、孔位。

（2）为了确保定向窗的角度准确，三角面平整，两个定向窗都用风镐、手锤、凿子开设，并把剔出的钢筋割掉。

（3）对于由现浇钢筋混凝土筒壁支撑的水塔，一般其筒壁断面小，而顶部的储水容器多为圆锥体，在爆破后稳定性不好，导致水塔的倒塌方向易发生偏移。用两根钢丝绳对水塔沿倒塌方向进行定向牵引，一根牵引支撑筒壁，一根牵引储水容器，钢丝绳的锚固点要牢实。

（4）在切口中心线选 6 个孔试爆，以确定单耗并最终确定单孔装药量。

（5）严格根据设计方案校核每个孔的深度和位置。

（6）对门洞采用 4 根槽钢纵向支撑并进行，封堵时的浇筑厚度超出筒壁外侧 0.5m，还要超出门洞外侧左、右、上部各 0.5m，为了确保浇注质量和强度，采用商品混凝土搅拌车浇注，混凝土标号为 C35。

（7）设计支撑筒壁触地区域用挖掘机改造成 30° 的沟槽，沟槽断面为梯形，并在沟槽内（含沟槽两侧边）铺设 2 层棕垫再在棕垫上铺设 2 层胶皮网。

（8）在储水容器设计触地区域用挖掘机挖掘一深 4m、长 8m（超过容器直径 2m）、宽 6m（超过容器高度 2m）的沟槽，首先在沟槽内铺 0.5m 厚的散沙，再在上面及沟槽两侧铺设 3 层棕垫及 3 层胶皮网。

（9）为避免储水容器触地时的猛烈冲击造成南面边坡垮塌影响坡脚住宅楼的安全，用沙袋对边坡进行加固防护。

（10）选用混凝土作为炮孔填塞料，以确保堵塞质量。

（11）每个药包内装 2 发导爆管雷管。

4.1.7　爆破器材

用乳化炸药，孔内孔外均用 1 段导爆管雷管，用 MFD-100 型起爆器击发电雷管引爆。

4.1.8　爆破效果

本爆破工程于 2005 年 4 月 16 日实施，水塔倒塌方向准确，支撑筒壁和储水容器的触地区域完全与设计吻合，解体充分，不用二次解炮，没有产生飞石和振动危害。经仪器检测，离储水容器触地点最近的 17 号住宅楼的基础部位的最大合速度为 0.64cm/s。具体爆破效果见图 4-2 ~ 图 4-7。

图 4-2 爆破前水塔全景

图 4-3 触地区域减振措施

图 4-4 起爆后水塔失稳倒塌

图 4-5 水塔按设计方向倒塌

图 4-6　支撑筒壁的破碎情况

图 4-7　储水锥形罐的破碎情况

4.2　毕节头步电厂冷却塔爆破拆除工程

4.2.1　工程概况

毕节头步电厂位于毕节市鸭池镇，中国华电集团公司决定对该厂进行全部拆除并在原址上修建新发电厂，拆除的原因主要有以下三点：一是该厂始建于1992年，其装机容量为12000kW，随着国家经济发展，社会对电力的需求越来越大，电厂原有的装机容量已不能满足社会经济发展的要求；二是设备老化，又紧临集镇，对周边的环境污染严重；三是运行成本较高，企业的赢利能力弱，市场竞争力不强。在本次拆除工程中，需要采取爆破拆除2座40m高的钢筋混凝土冷却塔（见图4-8）。

（1）爆破拆除区域周围情况。拆除区域在电厂封闭围墙的厂区内，冷却塔东面10m处是已征拨农田，南面是空旷地，西面20m处为一河流，北面6m处是

图 4-8 冷却塔全景照片

已征拨农田，再远处距离 330m 有民房，总体来说爆破施工环境较好。

（2）需爆冷却塔的结构特点。需拆除的 2 座冷却塔均为钢筋混凝土双曲线结构，底部直径 29m，高 40m，塔基为环形基础，基础以上均匀分布 18 对钢筋混凝土人字柱，人字柱垂高 2.8m，横断面为 30cm×30cm；人字柱上为环形梁，其高为 0.8m，壁厚 0.35m；水塔筒体壁厚 0.2m。塔体内为低于地面的水池，水池内有 36 根断面为 30cm×30cm 钢筋混凝土立柱（高 7m）和中间一钢筋混凝土圆筒形结构（筒壁厚 0.3m，高 5m）的风井。

4.2.2 爆破技术设计

（1）爆破方案的选择。根据冷却塔的结构特点，理想的爆破方案是采用定向倒塌爆破技术，根据周围环境和业主要求，采用向北定向倒塌爆破方案。

因该塔为轻型薄壁钢筋砼结构，壁厚 200mm，上窄下宽，底部直径大，倾倒难度较大，应防止坐而不倒以及塌而不碎，因此爆破方案采用较大的炸高，以获取较大的触地冲能，使爆塔筒触地充分解体，具体采用"预开定向窗，预处理部分塔壁板块，预留部分塔体支撑爆破板块"的定向倒塌的爆破方案，切口内的人字柱、环形梁、筒壁均要布孔，水塔内的立柱、圆筒柱、横梁均要预先爆破拆除。

为了确保筒体在触地过程中充分破碎，在爆破切口范围内的筒壁上预开 7 个定向窗，钢筋在起爆前锯断，参见图 4-9。

冷却塔爆破时同样会产生与烟囱爆破一样的破坏效应，因此在爆破前要采取相应地降低振动、预防飞石、粉尘危害等措施。冷却塔爆破时要确保东南面水泵房的安全，因为该水泵房要提供电厂改建工作中的生活和施工用水。

（2）切口形式。采用梯形切口，倒塌中心线开 1 个导向窗，两侧各开 3 个定

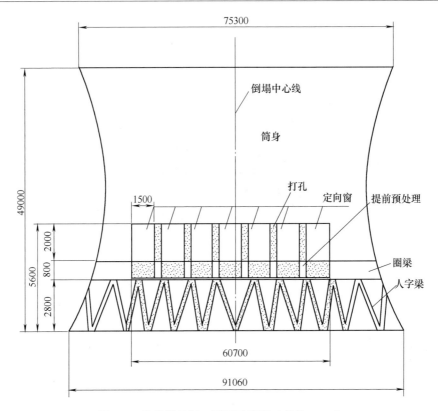

图4-9　塔身爆破切口展开示意图（单位：mm）

向窗。导（定）向窗宽1.5m，高2.0m。

（3）切口圆心角。切口圆心角直接决定切口展开长度，而切口长度决定了倾覆力矩的大小，切口偏长，倾覆力矩偏大，铰支易于破坏，不利于冷却塔的平稳倒塌。爆破切口的长度是以冷却塔的重力引起的截面弯矩（M_p）应等于或稍大于预留支撑截面极限抗弯矩（M_R）为主要依据来确定的，本工程参照国内同类工程取爆破切口圆心角为240°。

（4）切口高度。切口高度（H）是冷却塔爆破拆除设计的重要参数，据一般工程经验，$H = (1/6 \sim 1/4) D$，其中 D 为切口处冷却塔的外径，本工程中冷却塔底部外直径 $D = 29m$，切口高度取 $H = (1/5) D = 5.8m$，实取 $H = 5.6m$。

（5）切口展长。该冷却塔切口中心截面处的筒体周长为91.06m，切口圆心角为240°，底部展长 $29 \times 240°/360° = 60.7m$。

（6）切口位置。$+0.5 \sim +6.1m$。

（7）施爆前的预处理工作。

1）开导（定）向窗，同时通过试爆确定单耗。

2）将导（定）向窗内暴露出的钢筋割掉。

3）对两定向窗间的圈梁爆破预处理，处理长度为 0.7m，并把处理后暴露出的钢筋割掉。

4）对冷却塔内所有循环冷凝构件（含立柱、圆筒立柱）全部爆破预处理。

（8）爆破参数的选取。

1）筒身。

孔径：$\phi = 42\text{mm}$；

孔深：$L = 0.12\text{m}$；

孔距：$a = 0.20\text{m}$；

排距：$b = 0.20\text{m}$；

单耗：$q = 2000\text{g/m}^3$；

单孔装药量：$Q = q \times a \times b \times \delta = 2000 \times 0.2 \times 0.2 \times 0.2 = 16\text{g}$。

2 个冷却塔筒身共布孔（不含预处理）4360 个，用非电毫秒延期导爆管雷管 4360 发，用炸药 69.76kg。采用梅花形布孔方式。

2）人字柱（$30\text{cm} \times 30\text{cm}$）。

孔径：$\phi = 42\text{mm}$；

孔深：$L = 0.17\text{m}$；

孔距：$a = 0.30\text{m}$；

单耗：$q = 1000\text{g/m}^3$；

单孔装药量：$Q = q \times a \times S = 1000 \times 0.3 \times 0.3 \times 0.3 = 27\text{g}$。

每根人字柱布孔 8 个。

在爆破缺口范围内需要钻孔的人字柱为 12 对计 24 根，2 个冷却塔人字柱布孔为 $2 \times 24 \times 8 = 384$ 个，用非电毫秒延期导爆管雷管 384 发，用炸药 10.368kg。

3）环形梁（环行梁厚 0.35m，高 0.8m）。

孔径：$\phi = 42\text{mm}$；

孔深：$L = 0.19\text{m}$；

孔距：$a = 0.30\text{m}$；

排距：$b = 0.30\text{m}$；

单耗：$q = 1000\text{g/m}^3$；

单孔装药量：$Q = q \times a \times b \times \delta = 1000 \times 0.3 \times 0.3 \times 0.35 = 31.5\text{g}$，实取 32g。

2 个冷却塔环形梁共布孔（不含预处理）714 个，用非电毫秒延期导爆管雷管 714 发，用炸药 22.848kg。采用梅花形布孔方式。

设计冷却塔布孔数（不含预处理）$_{冷却塔} = 4360 + 384 + 714 = 5458$ 个。

用雷管量 $Y_{冷却塔} = 4360 + 384 + 714 = 5458$ 发。

用炸药量 $Z_{冷却塔} = 69.76 + 10.368 + 22.848 = 102.976\text{kg}$。

（9）起爆器材。

1）1 段、5 段非电毫秒延期导爆管雷管。

2）直径 32mm 乳化炸药。

（10）爆破网路。所有孔内装 20 段非电毫秒延期导爆管雷管，孔外过渡管和主网路用 1 段非电毫秒延期导爆管雷管，主网路采用交叉复式起爆网路，见图 4-10。

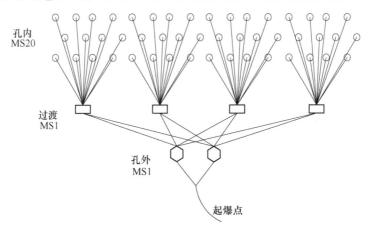

孔内
MS20

过渡
MS1

孔外
MS1

起爆点

图 4-10　冷却塔爆破网路示意图

4.2.3　爆破施工

（1）冷却塔循环冷凝结构的处理。冷却塔循环冷凝结构主要由两部分组成，一部分是由环行布置的 36 根立柱支撑的两层散热系统，每一层由纵横交错的混凝土水槽和塑料填充料组成；另一部分是中间的配水井，配水井为钢筋混凝土圆筒形结构，直径 3.0m，高 5m，壁厚 0.25m，配水井的底部有一直径 0.5m 的进水口，在该处用同样直径的钢管与水泵房相连，其顶部与混凝土水槽相连。

处理顺序：散热系统→配水井。

在每棵立柱底部布 5 个孔，孔距 0.3m，每孔装 25g 炸药，单个冷却塔的立柱同时起爆，散热系统全部垮塌，与配水井连接的水槽由于壁薄，在连接处全部折断。

对配水井按常用的圆筒结构物爆破技术处理，使其在冷却塔内定向倒塌。

（2）对定向窗及定向窗间的环形梁的预处理。开定向窗的最高施工高度为 5.6m，并且由于筒壁薄，单个定向窗的钻孔数多（75 个），且安全防护、拆卸和转移脚手架的工作量大，利用现场的施工设备，采用液压锤开定向窗和处理环形梁。

（3）钻孔。用钢管搭设双层井字形施工脚手架，为确保施工时脚手架不摇晃、不倒塌，在三面再各用一根钢管斜向支撑。施工平台采用木板和竹跳板，在钎杆上用红油漆标注以控制钻孔深度。

（4）试爆。试爆的目的是验证所选用爆破参数的合理性，同时通过调整单位炸药用量来确定单孔装药量。在 1 号冷却塔分别取一根人字柱、一段环形梁、一块筒身作试爆，根据爆破后混凝土的脱笼和钢筋的变形情况、在一层胶皮网防护的情况下飞石的最远距离、需保护物与爆点的距离，在确保冷却塔顺利倒塌的前提下最后单孔装药量调整筒身为18g、环形梁为30g、人字柱25g，总装药量为109.5kg。

（5）安全防护。防护的主要材料选用棕垫和胶皮网，由于筒身的防护区域比较高，防护难度大，采用一层棕垫和一层胶皮网覆盖防护；环形梁采用两层胶皮网悬挂防护；对人字柱采用两层胶皮网包裹防护。

4.2.4 爆破效果

由于施工环境较好，对爆破振动控制要求不高，2座冷却塔同时起爆，按预定方向倒塌，破碎彻底，未对周围的农田、高压线、水泵房造成危害。具体爆破效果见图4-11～图4-13。

图4-11 起爆前全景图像

图4-12 起爆瞬间图像

图 4-13　倒塌过程图像

4.2.5　总结

从爆破效果看，采用"预开定向窗，对部分塔壁机械预处理，预留重要的塔体支撑部分实施爆破"的定向倒塌爆破方案拆除双曲线型薄壁钢筋混凝土结构体是可行的。对于这种结构体，其主体的支撑结构是人字柱，人字柱向内斜向支撑更有利于整个结构体的定向倒塌，相对于整个结构体而言人字柱是点支撑并不是全断面支撑，由于其承压能力有限，因此爆破时选用一定高度的爆破缺口是必要的，不但要确保爆破缺口的展长满足冷却塔失稳的要求，还要保证爆破缺口具有合理的高度，使冷却塔在失稳状态下重心能发生明显偏移。预开定向窗不但能够起到定向作用，更重要的是降低结构的整体稳定性，爆破瞬间促使爆破缺口的撕裂扩展，使冷却塔很快失稳倒塌。

4.3　贵阳电厂冷却塔爆破拆除工程

4.3.1　工程概况

（1）爆破拆除区域周围情况。为美化城区环境，加快旧城改造，国电贵州电力有限公司决定对贵阳发电厂内的 1 座 86m 高的钢筋混凝土双曲冷却塔进行爆破拆除。需要爆破拆除的冷却塔东侧和北侧被贵阳南明河围绕，最近距离 11m；南侧 60m 处是铁路高架桥（川黔铁路货车外绕线黔灵山至关田区间 K5 + 750m ~ K5 + 900m 铁路线路），桥高 26m；西侧 15m 处电厂围墙外面有几排民房，周围环境示意图见图 4-14 ~ 图 4-16。

（2）需爆冷却塔的结构特点。贵阳冷却塔属于薄壁双曲线钢筋混凝土结构，由环形基础、人字形柱、环形梁和通风筒四部分构成。冷却塔总高自地面标高

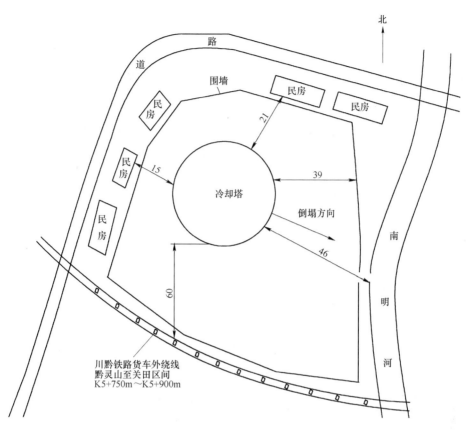

图 4-14 冷却塔爆破环境示意图（单位：m）

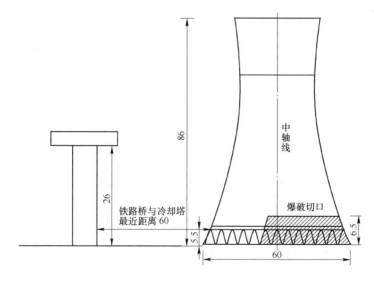

图 4-15 冷却塔与铁路高架桥立面位置关系图（单位：m）

图 4-16　冷却塔爆破环境现场照片

▽±0.00m 计为▽+86m，底部直径 60m；人字形立柱高 5.5m，横截面尺寸是 0.4m×0.4m，由 C30 混凝土浇注而成，柱内有 8 根 ϕ18 的竖筋和 ϕ8 箍筋（箍筋之间平行间距 20cm），共 40 对人字形柱，共计 80 根立柱；人字柱上部是高 1m、厚 0.5m 的钢筋混凝土圈梁，钢筋行列间距 10cm×10cm；圈梁以上塔壁厚度 20cm，钢筋行列间距 10cm×10cm；内部立柱高度 6.2m，尺寸 0.36m×0.36m；内部梁尺寸 0.4m×0.25m，总计 133 根。冷却塔剖面图见图 4-17。

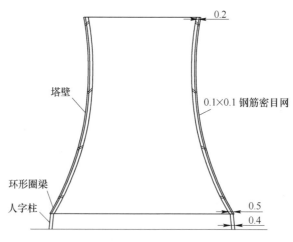

图 4-17　冷却塔剖面图（单位：m）

4.3.2　爆破技术设计

（1）爆破方案的选择。对于结构整体性完好的冷却塔，根据其结构特点和爆破周围的环境，可供选择的爆破方案有原地坍塌和定向倒塌。如果采用原地坍塌爆破，首先冷却塔是钢筋混凝土结构，在爆破时难以保证四周结构的完全破坏，且在坍塌过程爆渣的堆积是否一致，因此无法确保冷却塔在坍塌过程中四周破坏一致，将会出现任意方向的倒塌，导致意外事故。另外，冷却塔部分圈梁、人字柱承重结构前期已被机械拆除，整体完整性被破坏，冷却塔已成为高危建筑，为防止机械辅助施工导致抢险过程中出现其他意外事故，只能按照原机械拆除方案设计的倒塌方向采用定向爆破倒塌方案。

根据现场的勘查，对冷却塔采用定向倒塌爆破拆除，倒塌方向东偏南42°。

（2）切口形式。采用定向倒塌爆破时，爆破切口的大小是冷却塔能否按照设计方向倒塌的关键。必须保证结构在倒塌时起倾倒力矩大于结构的极限弯矩。还要保证冷却塔在爆破切口形成后整体失稳，倒塌后充分的解体破碎，本次爆破切口形状采用正梯形。

（3）切口圆心角。切口圆心角直接决定切口展开长度，而切口长度决定了倾覆力矩的大小，切口偏长，倾覆力矩偏大，铰支易于破坏，不利于冷却塔的平稳倒塌。爆破切口的长度是以冷却塔的重力引起的截面弯矩（M_p）应等于或稍大于预留支撑截面极限抗弯矩（M_R）为主要依据来确定的，本工程依据国内同类工程类比法取爆破切口圆心角为220°。

（4）切口高度。切口高度取冷却塔半径的 1/3 ~ 1/2 最为合理，冷却塔底部半径为30m，周长为188.4m，冷却塔爆破高度 H 取6.5m，H = 人字形立柱高度 + 圈梁高度 =5.5m + 1m = 6.5m，见图4-18。

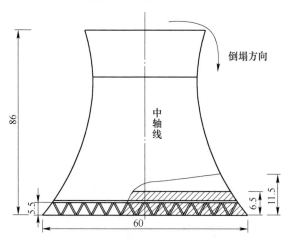

图 4-18　爆破切口示意图（单位：m）

（5）切口展长。切口长度取其底部圈梁周长的 0.6 倍，切口的圆角为220°，共计人字形立柱 24 对，见图 4-19。为了确保冷却塔的顺利倒塌及充分解体，在爆破切口上方的塔壁上开设 5 个减荷槽，其位置和参数见图 4-20。为了降低冷却塔倒塌塔内压缩空气冲击的危害，在倒塌方向反方向中心线上距离地面 6.5m 处（圈梁上方），开一个 2m × 4m 的泄压窗口，见图 4-21。

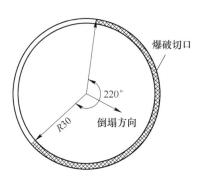

图 4-19　爆破切口角度示意图

切口中心线

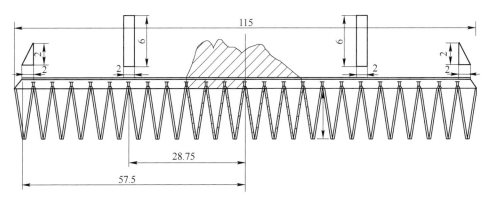

图 4-20　爆破切口示意图（单位：m）

图 4-21　倾倒方向反方向泄压窗口示意图（单位：m）

（6）切口位置。+0~+6.5m。

（7）施爆前的预处理工作。为保证定向倾倒的准确性，减少炸药的装药量，在爆破切口内沿中心线向两侧对称开 4 个减荷槽（2m×3m、2m×4m），倒塌中心线上开 1 个 2m×5m 减荷槽，倾倒方向反方向开 1 个 2m×4m 泄压窗，见图 4-21。

为了减小爆破后爆堆高度使冷却塔顺利倒塌，需要提前拆除冷却塔内部所有的横梁和立柱；为了维持结构受力平衡，在机械拆除内部梁和柱时要由倒塌中心线左侧向右侧拆除，自第一排开始依次向倒塌反方向推进，见图 4-22。

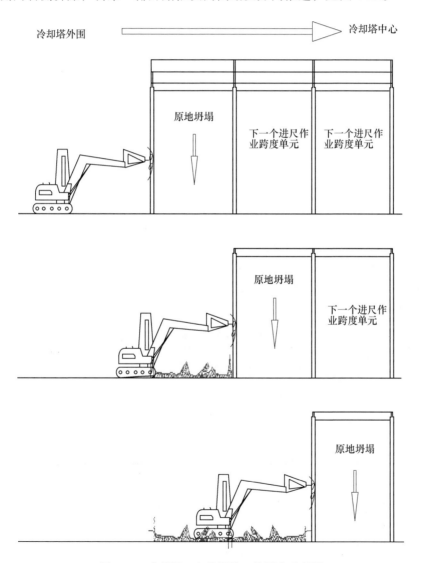

图 4-22 内部梁、立柱拆除工作顺序示意图

（8）爆破参数的选取。

1）环形梁。环形梁为 1.0m×0.5m 的钢筋混凝土结构。

孔深：按 $L=2/3\delta$ 设计孔深，爆破部位的壁厚 $\delta=0.5$m，钻孔深度：$L=0.31$m；

炮孔间距：$a=0.3$m；

炮孔排距：$b=0.25$m；

单孔装药量：按体积公式 $Q=q\times a\times b\times\delta$，式中 q 取 2000g/m³，单孔装药量为 $Q=90$g，爆破前根据试爆结果调整药量；

堵塞长度：0.22m；

炮孔排数：$n=4$；

总炮孔数：$N=1376$ 个；

环形梁总装药量：$Q=123.8$kg。

2）人字立柱。为有效增加塔身的下落高度，加强冷却塔触地时充分解体，对爆破缺口内的支撑柱布置炮孔，该冷却塔立柱截面为 0.4m×0.4m 的钢筋混凝土人字柱。

孔深：$L=0.27$m；

孔距：$a=0.3$m；

排距：$b=0.2$m；

单孔装药量按体积公式 $Q=q\times a\times b\times\delta$，式中 q 取 1700g/m³，单孔装药量为 $Q=45$g，爆破前根据试爆结果调整药量；

堵塞长度：0.225m；

总炮孔数：$N=731$ 个；总药量：$Q=32.9$kg。

冷却塔爆破参数表见表 4-1。

表 4-1　冷却塔爆破参数表

炮孔部位	几何尺寸 /cm×cm	炮孔深度/cm	炮孔间距/cm	炮孔排距/cm	单孔药量/g	总药量/kg
人字支柱	40×40	27	30	—	40	32.6
环形梁	100×50	31	30	25	60	123.84
合计						156.44

（9）起爆器材。炸药采用 2 号岩石乳化炸药，雷管选用 1 段、7 段、15 段非电导爆管毫秒延期雷管，1 段用于传爆连接、7 段用于孔外毫秒延期，15 段用于孔内延期。

（10）爆破网路。采用非电导爆雷管毫秒延期起爆，孔内 20 个为一束簇连，采用交叉复式网路，见图 4-23 和图 4-24。

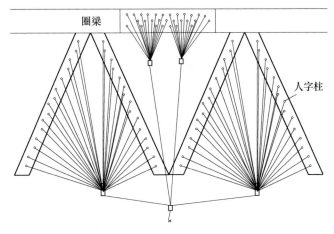

图 4-23 簇连示意图

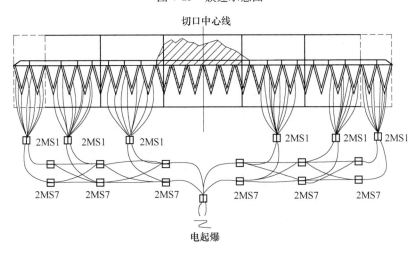

图 4-24 起爆主网路示意图

4.3.3 爆破预处理

为保证定向倾倒的准确性，减少炸药的装药量，在爆破切口内沿中心线向两侧对称开 4 个减荷槽（2m×2m、2m×6m），倾倒方向反方向开 1 个 2m×4m 泄压窗。

为了减小爆破后爆堆高度使冷却塔顺利倒塌，需要提前拆除冷却塔内部所有的横梁和立柱；为了维持结构受力平衡，在机械拆除内部梁和柱时要由倒塌中心线左侧向右侧拆除，自第一排开始依次向倒塌反方向推进。

4.3.4 爆破效果

具体爆破效果见图 4-25。

图4-25 爆破效果照片

4.4 金沙黔北发电厂双曲冷却塔爆破拆除工程

4.4.1 工程概况

　　黔北发电厂位于贵州省金沙县境内，厂内现有装机容量为4×300MW+4×125MW机组，其中4×125MW机组于1998~2000年相继投产发电，因执行国家关于燃煤发电机组的上大压小政策，对1号、2号冷却塔实施爆破拆除。冷却塔属于薄壁双曲线钢筋混凝土结构，由环形基础、人字形柱、环形梁和通风筒四部分构成。冷却塔总高自地面标高▽±0.00m计为▽+105.25m，基础地面直径为80m，基础最外面直径82.058m。人字形立柱横截面尺寸是0.60m的正方形，由C30混凝土浇注而成，柱内有4根φ12、8根φ18、4根φ22的竖筋和φ8箍筋，共40对人字形立柱，共计80根立柱；人字柱上部是高1.2m，厚0.7m的钢筋混凝土圈梁。

通风筒高自地面标高▽+7.3m至▽+105.25m，筒壁设计为双曲线形。底部直径为82.058m，最顶部直径48.942m，筒身高程▽+78.75m处圆周位于双曲线的顶点，该处半径最小，中心半径是22.788m。通风筒的底部壁厚0.7m，筒体最薄处壁厚0.16m。

两座冷却塔并立，间距43m，1号冷却塔的底部西侧25m处有综合水泵房、生活水池和1号、2号澄清池；底部北侧30m处有机修间和材料间，100m处有两栋办公楼；底部南侧30m处电厂围墙外面有一排民房。2号冷却塔的底部东南侧20m处山坡上有一架高管线，距离其底部北侧25m处有循环水泵房、加药间和危险品库，60m处有配电室和空压机房；底部南侧30m处电厂围墙外面有民房。距两座冷却塔东南侧200m处有3组2500m^{2}的冷却塔在正常作业，1号、2号冷却塔的周围环境见图4-26。

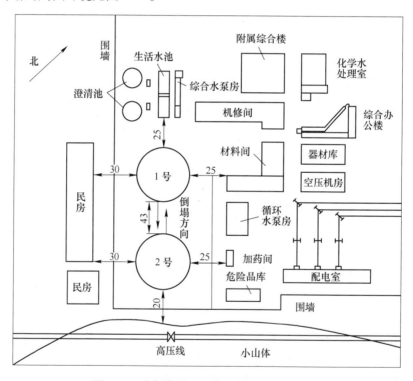

图4-26　冷却塔爆破环境示意图（单位：m）

4.4.2　爆破方案设计

（1）爆破方案选择。根据冷却塔的结构特点和爆破周围的环境，可供选择的爆破方案为原地坍塌和定向倒塌。如果采用原地坍塌爆破，由于冷却塔是钢筋混凝土结构，在爆破时难以确保在坍塌过程中四周破坏一致，可能会出现任意方向的倒塌，容易导致意外事故。因此采用定向爆破倒塌方案，由于冷却塔四周地下管线密集，周围建筑物密集，可供倒塌的范围小，如何选取合理的倒塌方向是本次爆破拆除成功与否的重中之重。

根据现场的勘查，对 1 号、2 号冷却塔采用定向倒塌爆破拆除，由于业主未提供周边地下管线图纸，在施工时勘查现场情况，编制合理的专项安全保护方案。

根据冷却塔周围环境条件，1 号与 2 号冷却塔之间具有相对开阔的场地，冷却塔的倒塌方向为对向倒塌（设置 5°错位）。

（2）爆破切口设计。爆破切口形状采用正梯形，切口高度取冷却塔半径的 1/3 ~ 1/2 最为合理，冷却塔的半径为 40m，即爆破切口高度 H 取 13.3 ~ 20m；本次爆破冷却塔高度 H 取 13.5m，H = 人字形立柱高度 + 圈梁高度 + 塔壁破坏高度 = 7.3m + 1.2m + 5m = 13.5m，见图 4-27。切口长度取其底部圈梁周长的 1/2 ~ 2/3，切口的圆心角为 220°，见图 4-28，即爆破切口的宽度取 154.5m，共计人字形立柱 23 对。

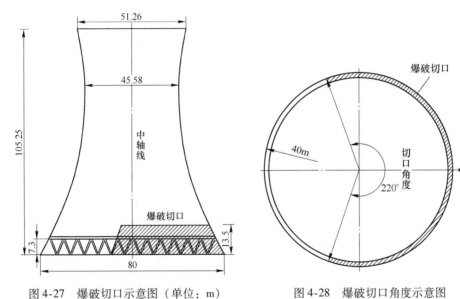

图 4-27　爆破切口示意图（单位：m）　　　图 4-28　爆破切口角度示意图

（3）倒塌条件与稳定性验算。爆破切口形成瞬间，预留支撑体强度应足以支撑上部筒体的重量。设塔体切口以上部位重为 G，混凝土极限强度为 σ，保留部分支持面积为 A，则在爆破切口形成后，倾覆力矩等于重力与偏心距的乘积：

$$M_G = Mge \tag{4-1}$$

$$e = \frac{4(R^3 - r^3)\sin\left(\dfrac{\beta}{2}\right)}{3\beta(R^2 - r^2)} \tag{4-2}$$

式中，e 为保留部分形心位置及偏心距；R 为切口处塔体外半径，40m；r 为切口处塔体内半径，39.3m；β 为保留体部分圆心角，140°。

1）倾倒力矩计算。爆破部位底部外直径 80m，壁厚 0.7m，周长 251.2m，爆破切口长 154.5m，保留部分长 96.7m，经计算，切口以上部分塔体重量为 4586.5t（见图 4-29 和图 4-30）。

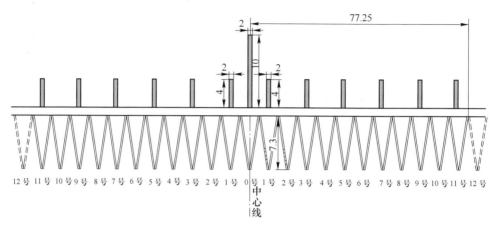

图 4-29　爆破切口展开图（单位：m）

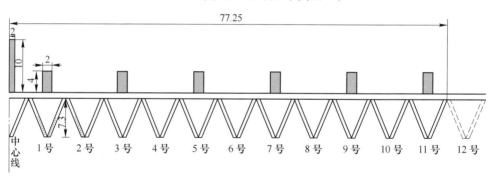

图 4-30　半幅爆破切口展开图（单位：m）

由式（4-1）、式（4-2），得：

$$e = 29.7\text{m}$$

$$M_G = Mge = 1334.95\text{kN} \cdot \text{m}$$

2）抵抗力矩计算。结构的抵抗弯矩为：

$$M_R = I(Mg/A + \sigma)/(R - e) \tag{4-3}$$

其中

$$A = 69.7\text{m}^2$$

$$R - e = 10.3\text{m}$$

$$I = k\delta\left[e^2\beta - 4e\sin\left(\frac{\beta}{2}\right) + R^2\sin\beta + \frac{R^2\beta}{2} \right] = 17.67\text{km}$$

式中，σ 为截面上的正应力，混凝土的抗压强度，约为 40MPa；A 为保留部分的面积；k 为构建长细比对截面曲率的影响系数，取 0.38；I 为截面对中心轴的惯性矩；δ 为平均壁厚，0.2m；β 为保留部分圆心角，140°。

$$M_R = 697.3 \text{kN} \cdot \text{m}$$

抵抗力矩与结构临界弯矩之比为 $M_G/M_R = 1.9$，所以能保证爆破后定向倾倒。

（4）爆破参数设计。

1）人字立柱爆破参数。为有效增加塔身的下落速度，使冷却塔在触地时充分解体，对爆破切口内的支撑柱布置炮孔，该冷却塔立柱为钢筋混凝土人字柱，截面尺寸为 0.6m×0.6m，沿立柱中心线布置一排炮孔。

每根立柱布置 1 排炮孔，一排 10 个炮孔；立柱上炮孔数为 460 个。人字柱总药量：$Q = 50.6$kg，1 号和 2 号冷却塔人字形立柱共计装药量 101.2kg，炸药采用 2 号岩石乳化炸药。

2）圈梁切口。圈梁为 1.2m×0.7m 的钢筋混凝土结构。圈梁总装药量：$Q = 26$kg，1 号和 2 号冷却塔圈梁共计装药量 52kg。

1 号、2 号冷却塔爆破参数表见表 4-2。

表 4-2　1 号、2 号冷却塔爆破参数表

编　号	部位	几何尺寸 /cm×cm	炮孔深度/cm	炮孔间距/cm	单元孔数	单元数	孔数/个	单孔药量/g	总药量/kg
1 号冷却塔	人字支柱	60×60	40	40	10	46	460	110	50.6
	圈梁	120×70	47	30	20	13	260	100	26
2 号冷却塔	人字支柱	60×60	40	40	12	46	460	110	50.6
	圈梁	120×70	47	30	26	13	260	100	26
合　计							1440		153.2

3）炮孔布置。

① 圈梁炮眼布置。塔身爆破缺口处的炮孔采用梅花形布孔，根据爆破缺口的高度和排距，爆破缺口内布置 3 排炮孔，见图 4-31。

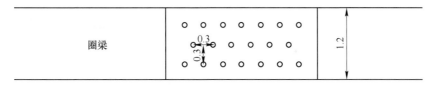

图 4-31　圈梁炮孔布置示意图（单位：m）

② 支撑柱炮孔布置。每支撑柱布置 10 个炮孔，见图 4-32。

4.4.3　爆破预处理

为保证定向倾倒的准确性，减少炸药的使用量，在爆破切口内沿中心线向两侧对称开定向窗，倒塌中心线上开导向窗，采用机械预处理进行开窗，见图 4-29 和图 4-30。黑色部位为机械预处理位置。冷却塔筒体上机械预处理面积约

178m², 体积约 124.6m³, 1 号和 2 号冷却塔共计预处理体积为 249.2m³。为了减小爆破后爆堆高度, 爆破前将冷却塔里面的立柱采用机械全部清除。

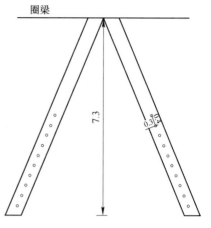

图 4-32　人字柱炮孔布置示意图（单位：m）

4.4.4　起爆网路设计

采用簇连为基础的串联方式, 孔内使用 1 发起爆雷管, 孔外区间连接使用双发雷管, 然后并入主爆网路的非电起爆系统。

雷管选用 1 段、5 段、10 段非电导爆管毫秒延期雷管, 1 段作为过渡管, 5 段用于孔外区间延期, 10 段用于孔内延期。

爆破切口网路采用非电导爆雷管毫秒延期网路, 孔内连接最多 20 个为一束簇, 主网路采用串联接力, 见图 4-33。2 个冷却塔之间延期时间 2s, 由一个起爆器触发起爆。

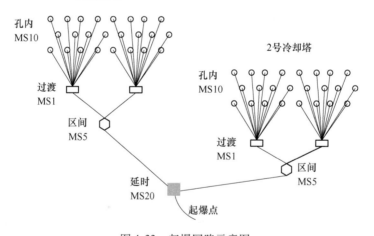

图 4-33　起爆网路示意图

4.4.5　爆破安全防护

根据周边勘查情况, 周围建筑均高出冷却塔触地点约 2m, 由于靠近电厂 2 号冷却塔的围墙外面有一条深 2.5m、宽 1.5m 的天然沟槽, 具有很好的减震效果, 因此, 在 1 号冷却塔靠近围墙附近挖长 40m、宽 1m、深 2m 的减震沟以减少塌落振动对周边建筑物的影响。

在倒塌方向设置 2 条缓冲堤, 靠近 2 个冷却塔 8m 处各设置一条长 80m、宽

2m、高2.5m的缓冲堤，对冷却塔坍塌触地瞬间起缓冲作用，减小触地速度，从而减小触地振动，见图4-34。另外，也可以防止触地时碎石飞溅。爆破飞石的安全警戒范围以倒塌中心为圆心向周边辐射200m。

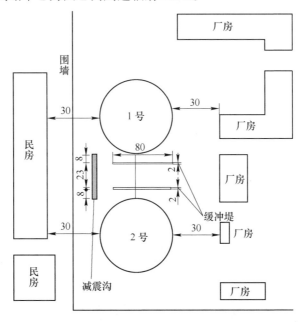

图 4-34　防护位置示意图（单位：m）

4.4.6　爆破效果

具体爆破效果见图 4-35 ~ 图 4-37。

图 4-35　起爆瞬间效果图

图 4-36　爆破瞬间效果图

图 4-37　爆破效果照片

5 钢筋混凝土高层建筑物的爆破拆除实例

5.1 贵阳电厂旧厂房爆破拆除工程

5.1.1 工程概况

位于贵阳皂角井的贵阳发电厂旧主厂房及其附属建（构）筑物因扩建需要全部拆除以在原址上修建新厂房，主厂房由汽机间、煤仓间和锅炉间三大部分组成，附属建（构）筑物包括老生产办公楼（1栋）、烟囱（2座）、麻石除尘塔（20座）、输煤栈桥（2座）、人行天桥（2座）、引风机房、干煤棚、机修车间、工具房、浴室、食堂等，总建筑面积68780m²。

（1）周围环境。主厂房长轴为南北走向，东面和东南面为待拆建（构）筑物，从近到远依次为麻石除尘塔、输煤栈桥（称2号输煤栈桥）、引风机房、烟囱及其他几栋砖砌建（构）筑物（可在主厂房爆破前用挖掘机拆除）；南面与老生产办公楼相连，老生产办公楼南面场地开阔，距离最近的水泵房75m；西面距9号机组地下循环水管16.5m，距升压站36m，升压站与主厂房间有一人行天桥（称2号人行天桥）相连；北面11.5m处为新建主厂房，有一座高架输煤栈桥（称1号输煤栈桥）和一座人行天桥（称1号人行天桥）与之相连。其周围环境和各建（构）筑物的布置详见图5-1。

（2）建（构）筑物的结构特点。

1）主厂房。主厂房为钢筋混凝土框架装配结构，紧连老生产办公楼，合计南北向长185m，东西向宽56~62m，高39.7~45.5m。该厂房分三期建成：一期建于1956年，内有3台机组的钢筋混凝土汽机、锅炉平台各3个；二期建于1959年，内有3台机组的钢筋混凝土汽机、锅炉平台各3个；三期建于1966年，内有2台机组的钢筋混凝土汽机、锅炉平台各2个。该厂房汽机间屋面为槽型板，一期用钢屋架支撑，二、三期用预应力钢筋混凝土屋架支撑；锅炉间屋面为槽型板钢屋架支撑；煤仓间为现浇屋面框架结构，内有高架倒台形薄壁储煤漏斗共16个，漏斗壁厚有15cm、20cm、25cm三种规格，单个漏斗容积为200m³。

2）老生产办公楼。老生产办公楼为3层砖混结构，长49.9m、宽8.9m、高11.5m，外墙厚37cm，内墙厚24cm，楼梯和层（屋）面为现浇钢筋混凝土结构。

3）1号输煤栈桥。1号输煤栈桥为钢结构，宽1.5m，高2.0m，离地面高度35m，连接新、旧主厂房。

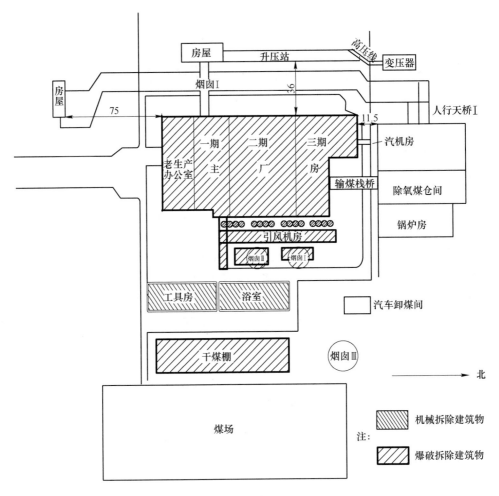

图 5-1　爆区四邻环境示意图（单位：m）

4）2 号输煤栈桥。2 号输煤栈桥为钢筋混凝土结构，斜线连接主厂房与干煤棚，宽 1.5m，高 2.0m，由 2 排共 4 根钢筋混凝土支撑。

5）1 号人行天桥。1 号人行天桥为钢结构，长 12.5m，宽 1.5m，宽离地面高度 6m，依靠 2 排共 4 根钢筋混凝土立柱支撑。

6）2 号人行天桥。2 号人行天桥为钢筋混凝土结构，由 2 排共 4 根钢筋混凝土立柱支撑。

7）麻石除尘塔。麻石除尘塔高 15.0m，为 $\phi3.6m$ 的石砌筒体结构，壁厚 0.3m。

8）干煤棚与机修车间。干煤棚与机修车间为单层钢筋混凝土独立柱装配结构，屋面为钢屋架槽型板，跨度大，上部质量较小。其中干煤棚长 126.0m，宽 21.8m，高 13.0m，有 2 排共 38 根立柱，立柱断面为 450mm×850mm；机修车间长 72.25m，宽 17.7m，高 12.0m，有 2 排共 24 根立柱，立柱断面为

400mm×700mm。

9）引风机房。引风机房为钢筋混凝土框架结构，长 110m，宽 8m，高 12.5m，有 2 排共 46 根立柱，立柱断面为 450mm×450mm。

10）工具房、浴室、食堂。工具房、浴室、食堂为一层砖砌结构，屋面为预制板。

5.1.2 业主对工程的要求

（1）工期要求。业主要求 2001 年 7 月 2 日进场，2001 年 9 月 10 日全部结束，工程内容包括清渣、废旧物资回收、施工机械及人员撤离、环境卫生清理和配合设备拆除队的工作。

（2）安全要求。施工安全方面的要求主要包括：在拆除过程中（包括机械拆除、爆破施工准备、废旧物资回收）不能出现人员伤亡、设备损坏安全事故；爆破过程中产生的振动不能影响升压站、新主厂房的生产运行，因为在升压站、新主厂房内有很多敏感的电器设备，一旦因爆破振动引起电器设备跳闸等情况将会使贵阳片区全部停电，根据电厂设备抗震指标（电厂可抗震 4~5 级）要求本次爆破在升压站和新主厂房内爆破引起最大质点振动速度限定在 $v < 0.8$cm/s；有效控制爆破飞石危害，在起爆时不能危及周围设备、人员和建（构）筑物的安全。

（3）环保要求。由于爆破区域周围全是居民区，而爆破位置是旧发电厂房，整个爆破区域（含建（构）筑物内）内地面沉积有大量粉煤灰，业主要求在爆破时必须采取有效的措施控制粉尘污染。

（4）技术要求。确保各建（构）筑物爆破时倒塌方向准确，倒塌效果明显，绝对不能倒向新主厂房尤其不能朝向烟囱和主厂房的北端，更不能出现爆而不倒的现象。

（5）与设备拆除队的配合要求。拆除发电设备的施工人员要求业主提供必要的拆除条件，确保所有设备在拆卸后完好无损地调离主厂房，所以爆破施工单位要为设备拆除队创造作业条件。

5.1.3 拆除施工总体思路

（1）拆除方法。考虑到拆除建（构）筑物的结构特点，对整个拆除区域进行机械拆除和爆破拆除分步施工：工具房、浴室、食堂和两根烟囱的烟道采用挖掘机拆除；1 号输煤栈桥在氧割的配合下采用吊车拆除；主厂房、烟囱、麻石除尘塔、2 号输煤栈桥、1 号人行天桥、2 号人行天桥、干煤棚、引风机房、机修车间采用爆破拆除。

（2）拆除步骤。考虑到拆除工期、拆除方法、拆除效果、拆除配合，整个拆除工程分三个阶段。

第一阶段：时间为 2001 年 7 月 2 日～2001 年 7 月 14 日。拆除范围为工具房、浴室、食堂、两根烟囱的烟道、2 号输煤栈桥、干煤棚、引风机房、机修车间、麻石除尘塔。具体控制时间为：7 月 2 日～3 日机械拆除工具房、浴室、食堂、两根烟囱的烟道；7 月 4 日爆破拆除干煤棚、机修车间；7 月 8 日爆破拆除 2 号输煤栈桥；7 月 12 日爆破拆除引风机房；7 月 14 日爆破拆除麻石除尘塔。

第二阶段：时间为 2001 年 7 月 15 日～2001 年 8 月 13 日。拆除范围为烟囱、老生产办公楼、主厂房的一期、2 号人行天桥。具体控制时间为：7 月 18 日爆破拆除 2 座烟囱；7 月 24 日爆破拆除 2 号人行天桥；8 月 13 日爆破拆除旧生产办公楼和主厂房的一期（见图 5-2）。本阶段的总体工期较长主要是因为在主厂房一期东面的建（构）筑物拆除并清渣完毕后设备拆除队的吊装机械才有工作面吊装主厂房一期内的锅炉设备。

图 5-2　旧生产办公楼爆破效果

第三阶段：时间为 2001 年 8 月 14 日～2001 年 9 月 10 日（含清渣、卫生清扫、机械和人员撤离）。拆除范围为主厂房的二期和三期工程、1 号输煤栈桥、1 号人行天桥。具体控制时间为 8 月 16 日爆破拆除 1 号人行天桥；8 月 17 日机械拆除 1 号输煤栈桥；8 月 21 日爆破拆除主厂房三期东面排柱（为设备拆除队创造设备吊装工作面）；8 月 14 日爆破拆除主厂房三期汽机间北面排柱（由于该面排柱为装配结构，与新厂房最近距离 11.6m，为防止爆破时因倒向不准确损坏新厂房，在大爆破前采取可靠措施予以爆破拆除）；8 月 28 日爆破拆除主厂房二、三期工程。

（3）爆破拆除技术措施。在建（构）筑物不同位置设计不同的爆破高度结合毫秒延期爆破技术实现建（构）筑物精准的定向倒塌。其中干煤棚、1 号人行天桥向西定向倒塌；机修车间、2号人行天桥向北定向倒塌；烟囱、引风机房、老生产办公楼、2号输煤栈桥、主厂房三期汽机间北面排柱向南定向倒塌；麻石除尘塔、主厂房三期东面排柱向东定向倒塌；主厂房向内折叠倒塌。

主厂房三期汽机间北面排柱和主厂房三期东面排柱都是单排柱，实现定向爆破的难度很大，所以采取施工辅助措施：首先把该排立柱顶部搭接的钢屋架和板用吊车预拆除；然后用氧割设备把该排立柱与其他排柱的焊接点割断，使之成为完全独立的排柱。采取必要的技术措施：一是在单根立柱上形成小的爆破切口，切口宽度是立柱宽度的5/7，并在爆破切口与保留支撑体间用凿岩机开一条5cm的隔离缝，严格控制爆破切口的形状，确保在爆破时不损坏预留的支撑部分，见图5-3；二是在爆破前把爆破切口内立柱外侧的钢筋人工剔出并全部割断；三是在每根立柱的顶部捆绑一根钢丝绳并沿倒塌方向拉紧固定，使排柱在爆破失稳瞬间朝倒塌方向受到一定的初始牵引力。具体爆破效果见图5-4和图5-5。

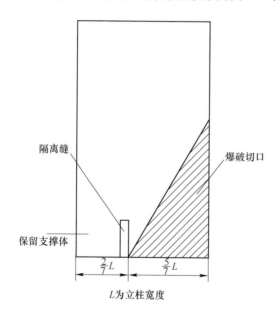

图 5-3 单根立柱定向爆破切口示意图

主厂房内的锅炉和汽机平台尺寸很大，如果在爆破后采用二次解炮的方法则钻孔和防护工作量很大，因此可以在主厂房爆破前利用原有墙体作为屏障加以适当的防护预先爆破拆除。

煤仓漏斗容积较大，若采用水压爆破封堵漏斗的工作量很大，在爆破后还需要进行二次解炮处理。考虑到煤仓间结构稳定，其爆堆可能会很高，同时也会增加后续解炮和清渣的难度，因此对煤仓间的每层立柱、联系梁均采用钻孔爆破处理。

图 5-4　三期厂房东面单排柱爆破效果

图 5-5　爆破后内部发电设备完好

5.1.4　爆破粉尘防治措施

爆破体（尤其是主厂房内）及地面上附着和沉积有大量粉尘且爆破周边环境相对复杂，爆区西面升压站内的电线接头位置不能附着粉尘，因此在进行主厂房爆破时应采用技术控制措施预防粉尘危害。

（1）在爆破前对旧主厂房的内外墙体、地面、平台、煤仓等部位用高压水枪进行彻底的冲洗，以减少建（构）筑物的表面吸附的粉尘。

（2）用挖掘机对旧主厂房的一、二楼外墙全部预处理，减少主厂房爆破时墙体因断裂、破碎、冲击时产生的粉尘。

（3）在爆破体屋顶用塑料袋装满水，在爆破时塑料袋破裂后高空洒水吸附粉尘。

（4）在升压站和旧主厂房之间安放两个大功率风机，控制粉尘扩散方向，减少爆破粉尘对升压站的危害。

（5）沿旧主厂房周边（离旧主厂房 9m 位置）架设高压水管，在爆破时对旧主厂房喷水，形成水幕降尘减少爆破粉尘的扩散。

5.1.5 开挖减震沟

在爆源和被保护体之间开挖减震沟，可以起到反射地震波的作用，一般可以减震30%~50%。本工程重点保护的对象是爆区西面的升压站和北面的新厂房，因此在爆区西面距升压站25m处开挖一条宽2m、深4.5m、长170m的减震沟；在爆区北面距新厂房7m处开挖一条宽2m、深4.5m、长65m的减震沟。

5.1.6 工程实施效果

在旧主厂房一、二、三期爆破前利用外侧墙体作防护屏障，先对内部的锅炉平台和汽机平台进行爆破预处理，各建（构）筑物在设计时间起爆且完全满足设计的要求。在旧主厂房二、三期爆破时由于煤仓漏斗的钻孔难度较大，所以没有进行爆破处理，使得局部爆渣堆积高度达到6.8m，由于防护得当整个爆破未对新厂房和升压站造成危害（见图5-6~图5-8）。

图5-6 二、三期厂房爆破前照片

图5-7 二、三期厂房爆破瞬间

图 5-8　二、三期厂房爆渣堆积情况

5.2　贵阳市工人文化宫建筑群爆破拆除工程

5.2.1　工程概况

为了适应贵阳市城市发展的需要，地处遵义路的市工人文化宫需拆除以扩建人民广场，拆除的市工人文化宫建筑群包括综合楼、联系体、影剧院三栋主建筑物和一些新建的附属建筑物。建筑群拆除后在该地兴建的人民广场为贵阳市民主要的休闲场所，该工程是贵阳市政府 1999 年向市民承诺办的十件大事之首。

（1）周围环境。该建筑群东面毗邻贵阳一中的大道，距离约 22m；南面距离遵义路 60.3m；东南面距朝阳桥约 73m；西面距新桥建筑装饰材料市场（待拆）15m；西北面距贵阳一中的变压器 20m，距学生宿舍 27m；联系体的南面 2m 处有一条由西至东的 ϕ500mm 自来水管；影剧院的东面 3m 处有一条由南向北的 ϕ400mm 自来水管。周围环境如图 5-9 所示。

（2）结构特点。综合楼原为七层钢筋混凝土框架结构，在使用过程中又加高一层，该楼长 52.15m、宽 18.6m、高 35m，拆除面积 5836.23m²。综合楼的中部有一踏步式楼梯，北面的电梯间上有两根梁嵌入联系体与联系体相互连接。整个综合楼共有 37 根钢筋混凝土立柱，其断面为 400mm×500mm，梁的断面为 250mm×600mm，隔墙为砖砌体，厚度为 270mm（含粉刷层）。影剧院的内部为放映大厅，房顶为钢构框架结构，其内部观看位置从西往东为阶梯状布置，影剧院的东面部分为四层钢筋混凝土框架结构，主要是放映室和员工休息室；南面和北面廊房为四层钢筋混凝土框架结构，主要是音乐茶座室；西面原为化妆室，后改造成招待所。整个建筑物除西面的招待所外其余各部分都有地下室，影剧院长 54m、宽 48.2m、高 20.7m，拆除面积 9215m²，共有立柱 97 根，其立柱断面有

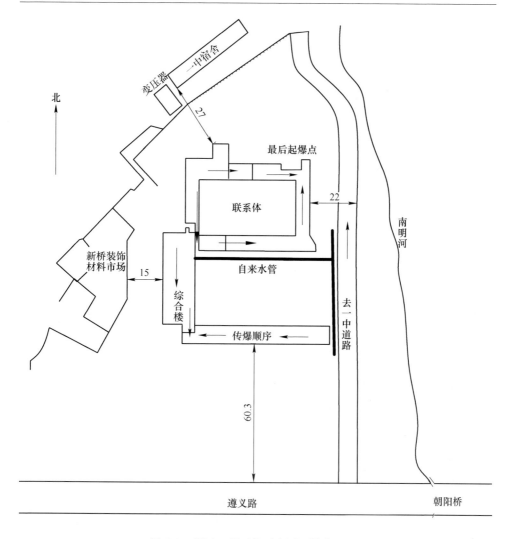

图 5-9 爆区四邻环境示意图（单位：m）

30mm×30mm、35mm×35mm、角度柱（直角边长 1500mm、宽 800mm）、400mm×400mm、400mm×600mm、500mm×1000mm。联系体为两层钢筋混凝土框架结构，长 68m、宽 13.6m、高 12m，拆除面积 2930m²，有立柱 30 根，其断面为 300mm×400mm，梁的截面为 300mm×750mm。联系体、影剧院、综合楼的层平面图分别如图 5-10~图 5-12 所示。其附属建筑物为一层砖混结构，拆除面积 2300m²。

爆破区域全景图见图 5-13。

5.2.2 施工特点

（1）工期紧、任务重，爆渣清运工作由爆破施工单位完成，要求爆破解体

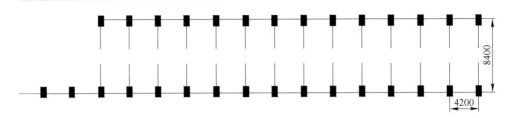

图 5-10　联系体层立柱布置示意图

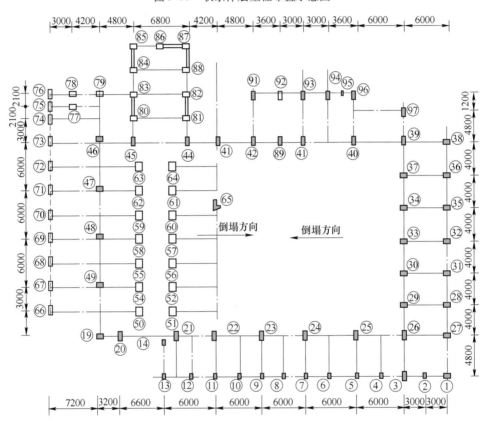

图 5-11　影剧院层立柱布置示意图

充分。

（2）联系体与综合楼相互之间、综合楼与影剧院相互之间是连接的，要满足各自的倒塌方向准确在技术上存在一定难度。

（3）爆体毗邻贵阳一中，施工不能影响学校的正常上课，同时要确保学校的绝对安全，不能对其建（构）筑物、人员等造成任何危害。

（4）影剧院的内部结构构件尺寸较大，而且有地下室，设计和施工都存在一定难度。

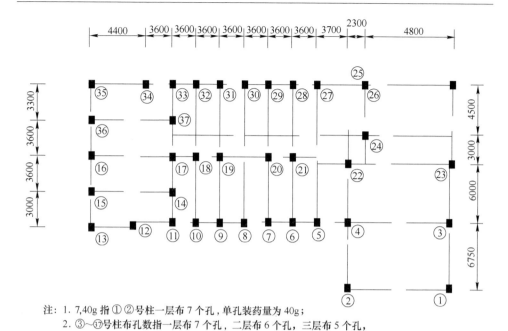

注：1. 7,40g 指①②号柱一层布 7 个孔，单孔装药量为 40g；
　　2. ③~㉛号柱布孔数指一层布 7 个孔，二层布 6 个孔，三层布 5 个孔，
　　　　四层布 4 个孔，五层、七层布 3 个孔。

图 5-12　综合楼层立柱布置示意图

图 5-13　爆破区域全景图

（5）爆体周围地下需保护的管网较多，特别是联系体东侧 2m 处有埋深 0.6m（ϕ50mm）的自来水管，影剧院北侧 3m 处有埋深 0.6m（ϕ40mm）的自来水管，业主要求爆破时不能对管线造成任何危害。

5.2.3　爆破方案与设计

（1）设计宗旨。首先，本次爆破现场有需要保护的自来水管道、贵阳一中

的教学楼和其他建（构）筑物，并且本次爆破位于贵阳市中心，人员比较密集，必须确保爆破安全，不能造成爆破飞石和震动危害，因此在药量计算、安全防护、爆破警戒等环节需要考虑全面；其次，该工程工期很紧，清渣时间仅有 10 天（包括基础），根据以往的拆除爆破经验，如建筑物倒塌后解体不充分，爆堆很高，会影响机械清渣施工速度，而且现场存在清运机械设备和回收钢筋的施工人员，如果采用二次解炮的方法，会对后续施工增加安全隐患，因此，爆破设计不但要确保建筑物完全准确倒塌还要使爆体充分解体，设计要保证主要承重墙和立柱爆破到一定高度和宽度，使建筑物在上部荷载作用下瞬间失稳，同时对联系梁、立柱、墙体也要充分破坏达到建筑物解体充分。

（2）爆破方案。联系体采用向南单向二层折叠定向倒塌的爆破方案；综合楼向西定向倒塌，在一、二层单向折叠，三层至八层柱的节点处布 3~4 个孔；影剧院采用层层布孔，各楼、各层、各梁上部分别布置几组炮孔，每组 4 个。为达到设计意图，对联系体和综合楼的承重立柱、承重墙采用不同的破坏高度和不同的毫秒延期相结合的方法以形成足够的倾覆力矩，对影剧院前后排立柱采用不同的孔内延期以达到设计的要求。

5.2.4　主要技术参数

依据爆破理论和力学原理，承重柱的偏心失稳是楼房倒塌的关键。结合类似工程的施工经验以及设计意图，最后选取的切口高度见表 5-1。

表 5-1　爆破切口高度

切口高度/m	联系体		综合楼		影剧院	
	前排	后排	前排	后排	前排	后排
一层	3.0	0.9	3.0	0.9	2.5	2.5
二层	2.4	0.6	2.5	0.6	2.0	2.0
三层	—	—	0.9	0.9	1.5	1.5

联系体和综合楼的爆破切口见图 5-14 和图 5-15。

联系体：立柱（断面 300mm×400mm）设计孔深 0.24m，孔距 0.30m，单耗 800g/m³，单孔装药量 30g。梁（截面 300mm×750mm）孔深 0.5m，孔距 0.3m，单耗 750g/m³，单孔装药量 45g，分两层装药（由于层高 6.8m，钻垂直孔），$Q_上 : Q_下 = 20g:25g$。

综合楼：立柱（断面 400mm×500mm）设计孔深 0.28m，孔距 0.40m，单耗 750g/m³，单孔装药量 60g。梁（截面 250mm×600mm）孔深 0.4m，孔距 0.3m，单耗 800g/m³，单孔装药量 36g，分两层装药（钻垂直孔），$Q_上 : Q_下 = 16g:20g$。

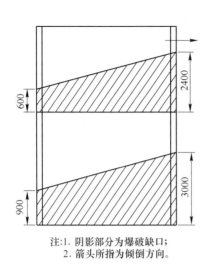

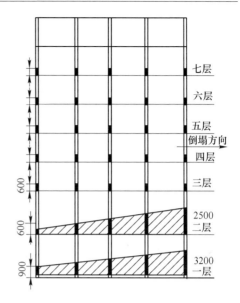

注:1. 阴影部分为爆破缺口;
　　2. 箭头所指为倾倒方向。

图 5-14 联系体爆破切口示意图　　图 5-15 综合楼爆破切口示意图

综合楼三至七层立柱在节点处的破坏高度为 0.6m,联系梁只在二楼楼面和三层楼面布孔。

影剧院: 1～14 号、80～97 号立柱(断面 300mm×400mm),取孔深 0.23m,孔距 0.40m,单耗 750g/m³,单孔装药量 36g; 15～18 号立柱(断面 300mm×300mm),取孔深 0.17m,孔距 0.30m,单耗 800g/m³,单孔装药量 21.6g; 19～49 号立柱(断面 500mm×1000mm),取孔深 0.28m,孔距 0.50m,排距 0.25m,单耗 600g/m³,单孔装药量 60g,布 4 排孔; 50～63 号立柱(断面 350mm×350mm,只有地下室部分),取孔深 0.19m,孔距 0.35m,单耗 800g/m³,单孔装药量 34.3g; 64～65 号立柱(为直角柱,直角边长 1500mm、宽 800mm),取孔深 0.60m,孔距 0.40m,排距 0.35m,单耗 750g/m³,单孔装药量 84g,分两层装药(钻水平孔), $Q_{里}:Q_{外} = 44g:40g$; 66～79 号立柱(断面 400mm×600mm),取孔深 0.23m,孔距 0.40m,排距 0.2m,单耗 800g/m³,单孔装药量 30g。

在爆破前对附属建(构)筑物和一楼的所有楼梯踏步全部预处理,对楼梯间的横梁全部采用钻孔爆破,对爆破缺口内的砖墙体人工预开弧形洞,尤其对立柱周边的墙体彻底预处理,为立柱爆破创造更多临空面。

整个工程共布孔 29501 个,使用非电毫秒延期导爆管雷管 51200 发(含预处理),使用乳化炸药 658.065kg。

5.2.5 起爆顺序与网路连接

对于联系体与综合楼,前排(指沿倒塌方向)用 11 段,后排用 14 段;对影剧院，为使其形成向东面倒塌的趋势，前排和两侧柱用8段，后排用14段。网路联系遵循孔内高段别、孔外低段别的原则，所有连接管皆用3段毫秒延期导爆管雷管，每层以及层间采用交叉复式连接、上层连到下层，最后从各自一楼起爆点引出4根1段导爆管雷管在建筑群内空旷处簇连，用两发电雷管击发起爆。本次爆破设计网路连接特点是：

（1）综合楼与联系体的连接处是电梯间，两者之间虽有隔离缝，但从电梯间伸出两根梁楔入联系体，要在该处把梁切断很困难，因此综合楼的电梯间以及联系体的该处以原地坍塌方式布孔，并确保从综合楼的起爆点延期时间至该点的时间与从联系体的起爆点延期时间至该区域的时间相等，设计延期为800ms。

（2）影剧院是大框架，从中间设爆破网路不现实，只有分两路从两侧走，但必须确保从起爆点分两路延期至最后起爆点的时间相等，设计延期为1500ms。

爆破网路延期时间设计图见图5-16。

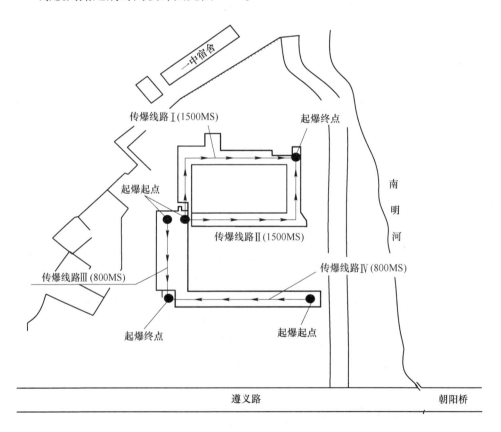

图5-16　爆破网路延期时间设计图

5.2.6 爆破安全

（1）安全防护。

1）对所有布孔立柱均采用 3 层胶皮网加一层棕垫绑扎防护。

2）对所有一楼外柱底部均用沙袋围住，堆高 1.5m。

3）对所有外墙爆点皆用胶皮网悬挂式防护，各胶皮网用铁丝连接成片。

4）对影剧院靠近南明河一侧，由于该侧药量较集中，河对岸皆为砖混瓦房，对该侧一、二层用沙袋垒成防护屏障，堆高为两层楼高。

5）在地下自来水管道上面铺垫沙袋防护，沙袋堆砌体宽 1.5m、高 1.2m，然后在沙袋上放两层旧轮胎。

（2）质点垂直振动速度。影剧院原化妆室的外侧与贵阳一中平房的最小距离为 27m，该距离即为爆点至保护对象最短距离，计算质点振速。其公式为：

$$v = k(Q^{1/3}/R)^a \qquad (5-1)$$

式中，v 为测点振动速度，cm/s；R 为爆点至测点距离，这里爆点为原化妆室外墙，爆点中心至地面的垂直距离为 1m，则 $R = r_{水平} + r_{垂直} = 28m$；$Q$ 为炸药量，kg。经计算，该爆点装药量为 1.8kg。k、a 分别为与爆破点地形、地质等条件有关的系数和衰减指数，结合工程邻近区域的地质、地形条件，类比法，取 $a = 1.8$、$k = 200$。

把以上数值代入振速公式并计算得 $v = 0.706cm/s$，此值远小于国家规定标准 5cm/s，可见爆破对周围建（构）筑物不会造成危害。由于爆破拆除不同于岩石爆破，其临空面一般都在两个以上，且最小抵抗线较小，因此地震波衰减得快，实际值比上述计算值还要小。

5.2.7 爆破效果

本次爆破于 1999 年 1 月 17 日上午 10 点整起爆。只听一声闷响，建筑物在尘灰的笼罩中徐徐倒塌。倒塌方向与设计完全一致，渣堆情况与破碎效果达到设计要求，爆渣高度为 3.2m 左右，微差效果明显，对附近的清运设备、人员以及毗邻的贵阳一中未造成任何危害，所有导爆管雷管和药包达到 100% 准爆，完全达到了工程预期目的和效果。贵州电视台对此次爆破进行现场直播报道，省内十多家新闻媒体也对此进行系列追踪报道。具体爆破效果见图 5-17 和图 5-18。

5.2.8 结论

贵阳市工人文化宫建筑群的成功爆破拆除，彰显了爆破拆除技术在城市建设中较其他拆除方法的先进性、科学性，突出安全、快速的优点。本次爆破的具体特点：首先在理念上采用多打孔少装药的新方法，以前爆破界对爆破拆除

图 5-17　爆破瞬间图像

图 5-18　爆渣的堆积图像

有一种炮孔布得越少越好的观点，实际施工中，选择爆破方法不但要考虑安全，还要考虑工期。如果爆渣没有充分解体那么在清渣过程中需要实施二次解炮，就会造成几个问题：一是爆渣堆积高，挖运设备作业难度大；二是大量未解体的构件在爆渣中重叠在一起，需要用大型挖掘机多次翻渣清出钻孔作业面才能实施解炮，导致清运效率很低；三是大量的挖运设备和废旧物资回收人员在现场交叉作业，解炮所耗用的时间多，而且实施解炮的次数越多，发生安全事故的几率就越大。如果能够在爆破时充分解体，安全方面由于爆破时警戒范围大，一般不会造成安全事故；爆后在氧割设备的配合下挖掘机能尽快把爆渣装车运走，加快清渣速度。其次，成熟的爆破网路设计和安全防护措施确保了爆破工程的安全实施。

5.2.9　工程实施主要技术成果

（1）在建筑物结构十分复杂的条件下，爆破设计参数合理，全部钻孔工程量 29501 个，使用乳化炸药 658.065kg，各建筑物全部按设计要求的爆破倒塌方式倾倒破坏。建筑物结构解体充分，爆堆低于 3.5m，通过严密的施工组织管理，8 天完成全部清运工作，成为我国群体建筑物大规模爆破拆除工程实现快速施工的范例。

（2）本次爆破使用 51200 发非电毫秒雷管，是国内爆破工程中使用雷管数量最多的一次。针对起爆网路的复杂性，工程采用的交叉复式闭合网路，设计合理、可靠，技术措施得当，实现了安全准爆。

（3）采用沙袋、胶皮网防护措施，安全可靠，杜绝了飞石发生，保证了周围建（构）筑物和管网的安全，其防护技术在城市爆破拆除工程中，具有广泛的推广应用价值。

5.3　茅台朱旺沱宾馆爆破拆除工程

5.3.1　工程概况

贵州茅台酒股份有限公司为打造赤水河两岸景观工程，把原朱旺沱宾馆爆破拆除，由贵州新联爆破工程有限公司承接该拆除工程。工程位于贵州省茅台镇，拆除对象为一栋 9 层与 13 层交叉重叠连体楼及附属设施。

（1）结构特点。该楼为一栋 9 层与 12 层交叉重叠钢筋混凝土框架结构楼，中部塔楼 13 层。大楼外观南北向呈帆船状，长度有 50m（南翼长 27m，北翼长 30m、宽 20m，大楼北翼有 12 层，楼高为 41.1m；大楼南翼 9 层，楼高 31.2m；塔楼 13 层，高 49.5m、宽 8m）。钢筋混凝土立柱截面为 800mm×400mm，主梁截面 900mm×400mm，配筋为直径 25 螺纹钢 8 根。该楼北部及塔楼处有楼梯 2 座，塔楼处有电梯 1 座，电梯周围为剪力墙结构。建筑物占地面积 761.85m²。主楼总建筑面积约为 7660.69m²。大楼南北向共 13 跨，东西向有 4 跨。爆破楼体见图 5-19。

a

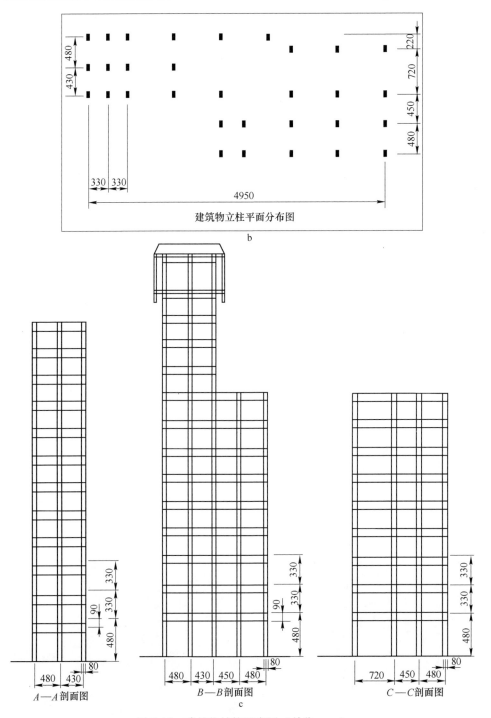

图 5-19 建筑物结构示意图（单位：cm）

a—楼房立面图；b—楼房俯视图；c—楼房剖面图

（2）周围环境。朱旺沱宾馆位于贵州省仁怀市茅台镇，宾馆大楼东侧紧邻两层高的舞厅、餐厅等副楼，42m处为一排污河道，100m处为库房；北侧是煤棚、职工食堂等附属建筑物；西侧10m处是赤水河，在6m处河堤上有供水管道；大楼南侧20m处是一围墙，围墙外是汽车修理厂，50m处是河滨路。大楼东侧库房内均储存大量用瓷坛装的陈年老酒，不能搬走且价格昂贵。周边环境见图5-20。

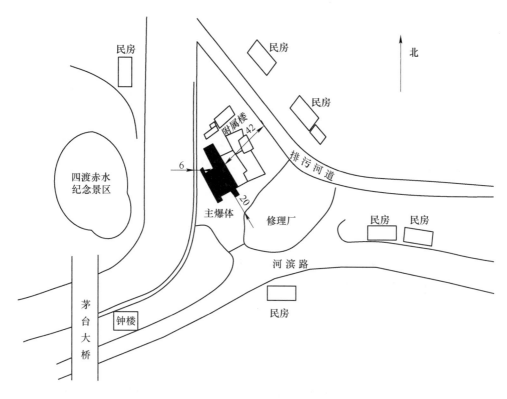

图5-20　四邻环境平面示意图（单位：m）

5.3.2　拆除方案选择

根据建筑物的结构特点，餐厅、厨房及附属设施采用机械拆除，对主体楼进行控制定向爆破拆除技术拆除，倒塌方向为主楼的东面。

5.3.3　爆破方案设计

根据建筑物的结构特点以及周边环境的实际情况，本着加快工期、施工便捷、作业安全方面考虑，对于主建筑物采用控制爆破技术拆除，起爆点设在主楼南面300m处。为了方便清运以及最大程度的降低触地震动的危害，在对爆破切口的构件充分破碎且爆破切口完全贯通的前提下对切口以外的主要梁、柱节点钻 3～5 个炮孔使松动破坏以减小爆破块度，使楼房倒塌完全、控制倒塌范围，使构件破碎完全。由于倒塌方向前方有排污河道，为了防止倒塌体冲进河道，因此倒塌方式为单向三折叠式倒塌，倒塌方向为主楼的东面。实现定向倒塌的技术措施：梯形的爆破切口与非电毫秒延期相结合。楼体实体图见图 5-21。

图 5-21　待拆除楼体实体图

5.3.4　爆破参数

（1）最小炸高计算及确定立柱炸高。根据铁道科学院提出的钢筋混凝土承重立柱爆破高度 H 确定公式：

$$H = K(B + H_{\min}) \tag{5-2}$$

式中　H——承重立柱的爆破（破坏）高度，m；

　　　K——经验系数，$K = 1.5 \sim 2.0$；

　　　B——立柱截面最大边长，m；

　　　$H_{\min}$——承重立柱底部最小破坏高度，m；$H_{\min} = \dfrac{\pi}{2}\sqrt{\dfrac{\sum Jn}{p}}$，临界最小破坏高

　　　度 $H_{\min} = 12.5d$，一般 $H_{\min} = (30 \sim 50)d$，d 为立柱主筋直径。

分析计算确定各柱炸高。

立柱主筋规格为 $\phi 20 \sim 25$，按 $\phi 20$ 计算；最小炸高，取 $H_{\min} = 30d = 30 \times 0.02\text{m} = 0.6\text{m}$；底层各柱炸高一般为 $H = K(B + H_{\min}) = 2 \times (0.8 + 1) = 3.6\text{m}$，取 4.2m。

（2）缺口高度计算及确定炸高。框架结构的爆破切口高度按重心法计算：

$$H \geqslant b / [1 + (a/b)^2]^{1/2} \tag{5-3}$$

式中，H 为爆破切口高度，m；a 为楼房高度，m；b 为楼房宽度，m。

由此，A-A 立柱 $H \geqslant 2.3\text{m}$，（$a = 41.4\text{m}$，$b = 9.9\text{m}$）；

　　　B-B 立柱 $H \geqslant 6.94\text{m}$，（$a = 49.5\text{m}$，$b = 19.2\text{m}$）；

C-C 立柱 $H \geqslant 8.4m$，（$a = 31.2m$，$b = 17.3m$）。

考虑到该楼最高处有 49.5m，且楼房与东面排污河的距离仅有 42m，为了确保爆破后楼梯碎片不落入河道，爆破缺口取 3 个梯形缺口，位置分别在 1、2 层及 5、6 层和 9、10 层；3 个梯形缺口倒塌方向高度为 6m、6m、8m，后侧高度为 3m、2.5m、2.5m。为了使楼房定向倒塌，对于后排立柱采用细部定向爆破技术。爆破切口及各立柱炸高如图 5-22 所示。

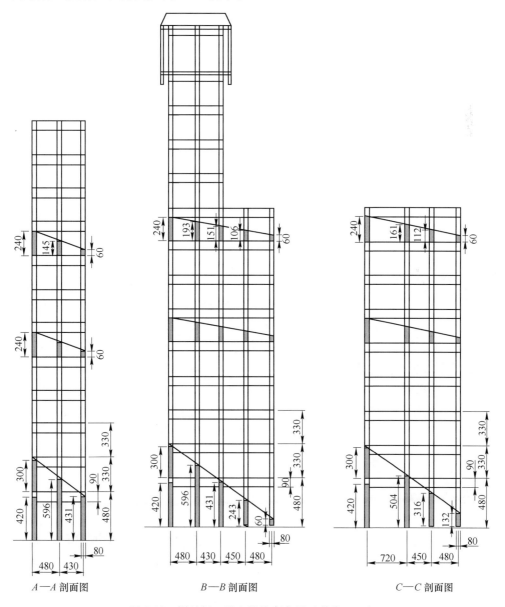

图 5-22　爆破切口及立柱炸高布置（单位：cm）

预留支撑立柱炮孔布置示意图见图5-23。

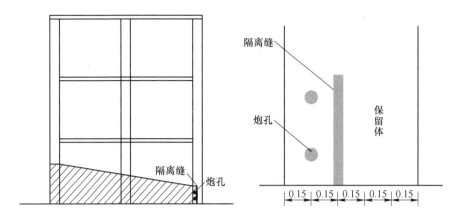

图5-23　预留支撑立柱炮孔布置示意图（单位：m）

（3）最小抵抗线。$W = B - L$（B为柱子的短边长），$W = 400\text{mm} - 260\text{mm} = 140\text{mm}$（柱子规格$800\text{mm} \times 400\text{mm}$）。

（4）炸药单耗q。查阅相关资料，按以往类似工程实践经验，本设计对立柱、连接梁、隔墙选单耗$q = 1000\text{g/m}^3$。电梯间由于钢筋密度大，因此选择单耗为$q = 2000\text{g/m}^3$。

（5）爆破参数设计及炮孔布置。

1）立柱。立柱（$800\text{mm} \times 400\text{mm}$），沿柱子长边布置3列炮孔。

2）连系梁。连系梁（$300\text{mm} \times 400\text{mm}$），沿梁侧面布置3排炮孔。

3）电梯间侧墙。沿电梯井墙壁每侧墙壁布置8排炮孔（每一个爆破缺口位置处的电梯间均打孔处理）。

4）楼梯踏步。在步梯间的每个平台以及侧面墙体处布置3排炮孔。

5）3层以上爆破缺口内隔离墙体。在隔离墙体弧形洞两侧上布置3排炮孔。

电梯间炮孔布置及装药示意图见图5-24。

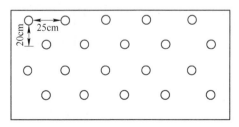

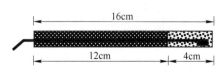

a　　　　　　　　　　　　　　　　　　　　　b

c

图5-24　电梯间炮孔布置及装药示意图

a—电梯间炮孔布置示意图；b—电梯间炮孔装药示意图；c—电梯间照片

（6）炸药选择和单孔药量计算。选用2号岩石 $\phi32mm$ 乳化炸药，根据单孔药量计算公式 $Q_i = qBab$，分别计算得出，梁体单孔装药量 $Q_i = qsa = 0.048kg$，实际取值为50g；柱体单孔装药量 $Q_i = 0.02kg$，实际取值为50g；电梯间单孔装药量 $Q_i = 0.025kg$，实际取值为40g；步梯间梁单孔装药量 $Q_i = 0.035kg$，实际取值为40g；隔离墙体弹孔装药量 $Q_i = 0.01kg$，实际取值为40g；参见表5-2（爆破参数表）。

表5-2　爆破参数表

参　数	步梯间（300mm×350mm）	电梯间厚度为250mm	立柱（800mm×400mm）	梁（300mm×400mm）	隔离墙厚度240mm
孔径 ϕ/mm	42	42	42	42	42
孔距 a/cm	40	25	20	40	25
排距 b/cm		20	25		20
孔深 L/cm	22	16	26	26	15
抵抗线 W/cm	13	9	14	14	9
单耗 q/kg·m^{-3}	1	2	1	1	1
单孔装药量/kg	0.05	0.04	0.05	0.05	0.04
孔数/个	500	10000	4000	6000	500

（7）爆破网路设计。

1）设计思路：每个炮孔使用1发20段非电导爆管雷管，将每个柱子或者梁上导爆管簇联为1束，使用2发1段雷管连接主网路，主网路采用交叉复式起爆网路，将每一排中的柱子用MS-3段雷管串联，各排柱子间用MS-7雷管并联，楼层间用MS-7段雷管连接，接成双向复式闭合起爆网路，三个缺口的爆破顺序从下至上依次起爆，设计三个缺口的时间间隔为200ms。

2）爆破网路。爆破网路示意图见图5-25。

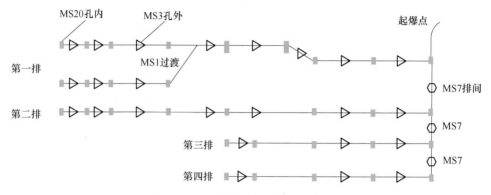

图 5-25　单层爆破起爆顺序示意图

（8）爆破器材用量表。本次爆破所需爆破器材见表5-3（爆破器材用量计划表）。

表 5-3　爆破器材用量计划表

材料名称	乳化炸药 φ32mm	雷　管				
		电雷管	塑料导爆雷管			
			3 段	7 段	20 段	1 段
单位	公斤	发	发	发	发	发
数量	945	10	2100	900	21000	3900

（9）数值模拟验证。

1）贵州茅台酒股份有限公司朱旺沱宾馆爆破拆除数值模拟倒塌过程在数值模拟前首先对建筑物进行模型简化。

①建（构）筑物为均质混凝土材料；

②除爆破切口外，倾倒部分建（构）筑物为刚体；

③建（构）筑物在倾倒过程中满足动量守恒；

④计算中只考虑平面运动形式，不考虑倾倒后建筑物以外的其他运动情况。

根据爆破设计方案、建筑物的结构特征、混凝土的材料参数，合理确定炸药爆炸产生的载荷对模拟结果的准确性有着非常重要的作用，包含确定爆破激振力的大小、作用位置和方向、作用时刻和持续时间等对模拟结果的影响。

此次建筑物模拟采用的是"先下后上"的起爆顺序，在计算模型中，计算机处理过程0s时对下切口处块体单元首先作用一个冲击载荷，2.25s时，再在第二个缺口块体单元上作用另一个冲击载荷，3s时，再在第三个缺口块体单元上作用另一个冲击载荷。模拟中体现了建筑物在0s、0.69s、1.4s、1.8s、2.25s、2.65s、3s、3.4s、3.8s、4.4s、4.8s、5.2s、5.5s时间内过程中的倒塌情况，见图5-26。

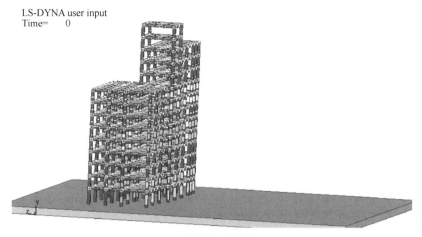

T=0s时建筑物运动状态

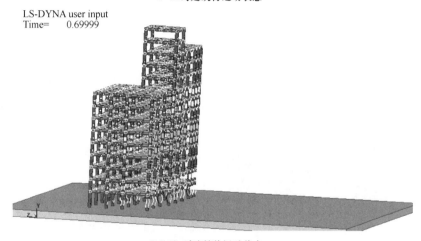

T=0.69s时建筑物运动状态

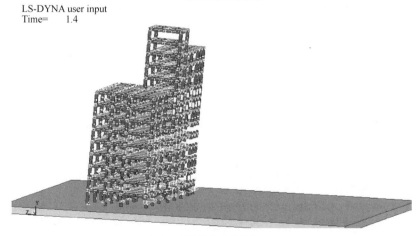

T=1.4s时建筑物运动状态

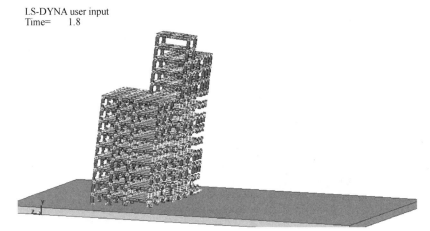

T=1.8s 时建筑物运动状态

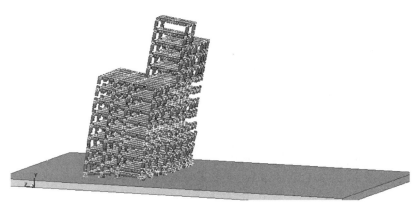

T=2.25s 时建筑物运动状态

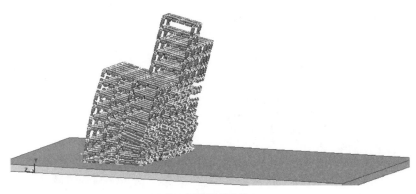

T=2.65s 时建筑物运动状态

LS-DYNA user input
Time=   3

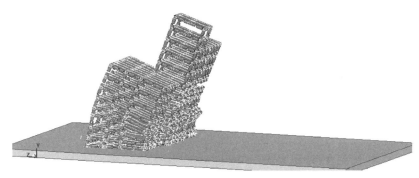

T=3s时建筑物运动状态

LS-DYNA user input
Time=   3.4

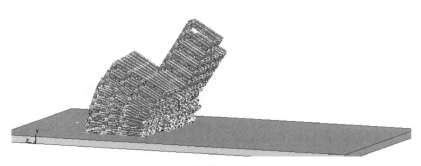

T=3.4s时建筑物运动状态

LS-DYNA user input
Time=   3.8

T=3.8s时建筑物运动状态

LS-DYNA user input
Time=　　4.4

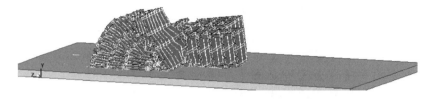

T=4.4s时建筑物运动状态

LS-DYNA user input
Time=　　4.8

T=4.8s时建筑物运动状态

LS-DYNA user input
Time=　　5.2

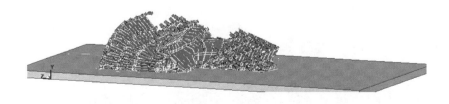

T=5.2s时建筑物运动状态

LS-DYNA user input
Time=   5.5

T=5.5s时建筑物运动状态

图5-26　爆破数值模拟倒塌过程图

2）模拟效果。建筑物下切口起爆后，上部已形成向东倾倒的趋势；2.25s后中部切口爆破，上部倾倒约5°；3s时，顶部爆破切口爆破，楼房倾倒约15°；3.4s时，上部倾倒约25°；4.4s时，上部倾倒约65°，下部楼房坍塌约7层；4.8s时，9层楼房基本坍塌完全；5.2s时，12层楼房完全倒塌。

通过数值模拟，证明所取的孔网参数和延期时间是合理的。

5.3.5　爆破效果

具体爆破效果见图5-27。

图 5-27　爆破效果

5.4　茅台酒厂钟楼爆破拆除工程

5.4.1　工程概况

　　贵州茅台酒股份有限公司为打造赤水河两岸景观工程，把原茅台酒厂高层住宅钟楼爆破拆除。该工程位于贵州省仁怀市茅台镇，为一栋 25 层住宅楼，大楼位于茅台镇繁华的城镇中心，西侧 22.9m 为茅台大桥；北侧不足 10m 即为赤水河，且沿河岸有茅台酒厂污水管道及茅台镇排污管沟；东侧是停车场；南侧 10.4m 为河滨路，路对面为密集民房；东南侧、西南侧民宅是景观工程建筑，为重点保护对象，爆区周边环境见图 5-28。

　　大楼东西长 26.4m，南北宽 23.4m，地面以上是 22 层标准层楼层，标准层每层高 3.0m，标准楼层高 66m，23 层是一层机房设备架空层，24 层是一层圆形平面的楼层，24 层以上是钟楼塔楼，大楼总高 86m，总建筑面积为 11500m²。

　　大楼为剪力墙结构，电梯井、管线井、房间隔墙构成楼房筒体结构；电梯

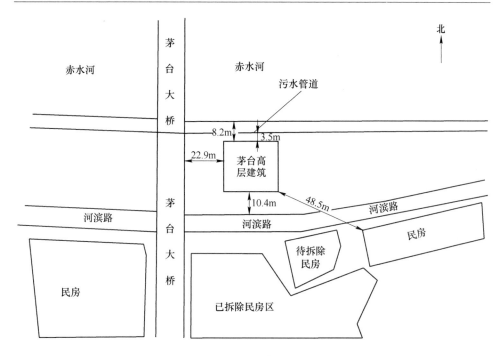

图 5-28 爆破区四邻环境示意图

井、管线井构成整个大楼的核心筒；剪力墙转角的暗柱钢筋，墙体与楼板结合处的联系圈梁、门窗过梁，阳台悬梁钢筋，现浇混凝土形成一个整体的框架结构。在标准层剪力墙转角处，由竖筋 $\phi14$，横箍筋 $\phi8$ 和 $\phi6$ 的钢筋混凝土现浇而成，厚28cm，结构非常坚实。

5.4.2 爆破方案

经现场实地勘查，大楼西侧为待拆除的茅台大桥，南侧为在爆破前需要拆除的民房，仅南面有比较狭小的倒塌空间。

如果采用原地倒塌，难以避免大量塌落的飞散物对北面赤水河河堤及沿河道的污水管道造成严重的破坏。

为了减小大楼倒塌冲击触地震动的危害效应，选取多层折叠倒塌的方案。在底部采取大切口为导向倾倒，待整个楼体形成一定的倾倒趋势后，中部切口形成，产生折叠，最后上部切口形成，整个大楼均匀分三段向南倒塌触地。倒塌方向如图 5-29 所示。在爆破前，提前拆除大楼南边150m范围内，倒塌中心线50m范围内的民房。

根据爆破总体方案及周边环境的特点，为了安全、快速、高效地完成本次爆破工程，提出以下技术措施：

（1）设置多切口爆破，缩短定向倒塌长度，减少触地振动效应。

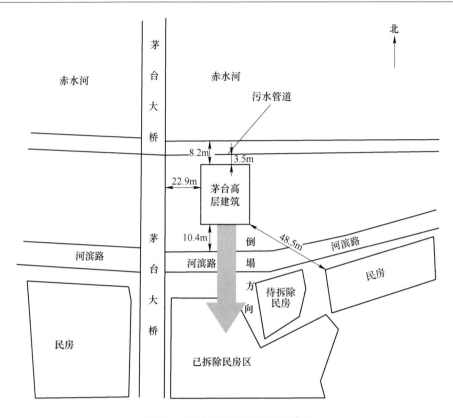

图 5-29　楼房爆破倒塌方向示意图

（2）预留切口后部支撑部位，形成铰链节点前移，避免楼房后座损坏后面的河堤污水管道。

（3）采用分部分段毫秒延期爆破，控制单响药量，降低爆破时产生的冲击波和爆破振动。

（4）在爆破装药面采用覆盖防护和对重点保护物近体防护相结合，避免爆破飞散物和爆破冲击波对保护对象的伤害。尤其在河堤岸边的污水管道，要铺设缓冲保护，防止飞散落体撞击。

（5）预计的触地倒塌面设置沙袋等缓冲物，将触地地震控制在 2.0cm/s 内。在倒塌方向触地点左侧保留房屋前设置土堤，防止楼顶圆形楼层的翻滚。

（6）在保证安全支撑的前提下，加大对剪力墙的预处理，变墙为柱进行钻孔装药，减少爆破用药量；暗柱只能钻孔装药爆破，不能进行预处理破坏其支撑。

（7）对 23 层、24 层的圆形结构，采用预处理切割技术，使其在触地瞬间解体，降低触地振动的危害效益。

（8）为了保证在空中形成一定的解体倒塌趋势，对于剪力墙上暗设的连系纵梁局部钻孔爆破，破坏其刚性支撑，形成柔性坍塌效果。

（9）对于楼体整体性较强的小开间，如电梯井、线缆井、卫生间、厨房、楼梯间爆破时容易形成支撑筒体，所以布孔时要重点仔细，形成连续通透的爆破切口，在这些位置的横向连系梁，局部也需要钻孔装药破坏其整体性。

5.4.3 爆破切口设计

（1）底层爆破切口计算。高层建筑物的整体爆破倾倒原理，就是使爆破切口闭合时，建筑物的重心能够偏离出建筑物着地点，使得上部结构产生失稳倒塌。在满足建筑物的高宽比：$H_c \geqslant \sqrt{2}L$ 条件下，爆破切口高度 h 的选取范围为：

$$\left[H_c - \sqrt{(H_c^2 - 2L^2)}\ \right]/2 \leqslant h \leqslant H_c/2 \tag{5-4}$$

式中　L——两外承重柱（墙）之间的跨度或为爆破切口方向的水平长度，根据图纸取 23.4m；

$\quad\quad H_c$——上部结构的重心高度，楼层高 86m，楼层可以看成是质量均匀的规则几何体，其几何中心高 43m，可以近似为中心高度；

$\quad\quad h$——爆破切口的相对高度，m。

经计算得：$11 \leqslant h \leqslant 18$，因此底层定向爆破切口取 4 层楼高为 12m。

（2）爆破切口的布置。采用三个爆破切口。

第一个爆破切口选在 1~4 层，采用三角形切口，预留最后排 T~S 轴 1.5m 范围内墙和柱形成足够的铰链支撑，防止后坐。

第二个爆破切口选在 9~10 层，采用梯形切口，预留最后排 T~S 轴 1.5m 范围内墙和柱形成足够的铰链支撑，防止后坐。

第三个爆破切口选在 16~17 层，采用梯形切口，T~S 轴的最后排墙和柱保留，形成一定的铰链支撑，也保证楼层后面方向没有爆破临空面形成飞散物，避免对污水管道的威胁。

为了破坏钟楼的完整性，在 7 层、13 层、旋转餐厅内布置少量孔，使爆破时形成铰链，对内墙和柱设计炸高 1.5m，形成一定的铰链，也保证大楼在倒塌后解体。

（3）切口高度。

1）1~4 层每层楼房前排爆破切口高度最高取 2.5m 炸高，即 8 排孔，从 A 轴\C 轴\E 轴\K 轴\P 轴\Q 轴\T 轴之间的区间，布孔逐排递减。在第一层最后排墙取 1 排孔，松动爆破，形成楼房倾倒的铰支点。对于 2、3、4 楼层，为了减少打孔工作量，可以逐渐减少布孔区间。1~4 层主爆切口示意图见图 5-30。

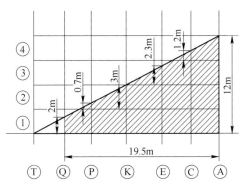

图 5-30 1~4 层主爆切口示意图

2）9 层、10 层每层楼房前排爆破切口高度最高取 2.5m 炸高（底部预留 50cm），即 8 排孔，从 A 轴 \ C 轴 \ E 轴 \ K 轴 \ P 轴 \ Q 轴之间的区间，布孔逐排递减，最后一个开间，不布孔。9 层、10 层爆破切口高度布置示意图见图 5-31。

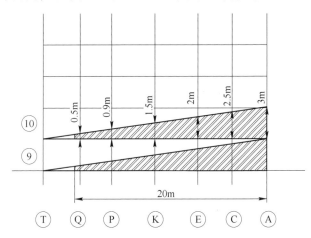

图 5-31 9 层、10 层爆破切口高度布置示意图

3）16 层、17 层楼房前排爆破切口高度最高取 2.5m 炸高（底部预留 50cm），即 8 排孔，从 A 轴 \ C 轴 \ E 轴 \ K 轴 \ P 轴之间的区间，布孔逐排递减，17 层最后一个开间，不布孔。16 层、17 层爆破切口高度布置示意图见图 5-32。

（4）切口展长。整个切口位置墙、柱、梁爆破要求布置通透，剪力墙采用人工或机械预处理开凿孔洞形成暗柱的爆破临空面，变墙为柱钻孔装药，与其他爆破位置连通。

5.4.4 爆破预处理设计

（1）对大面积墙面预先开设孔洞，形成多个爆破自由面，见图 5-33。

（2）对楼体里的连接、支撑构件如电梯提升钢结构、门框钢结构，预先开

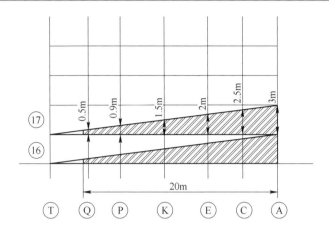

图 5-32 16 层、17 层爆破切口高度布置示意图

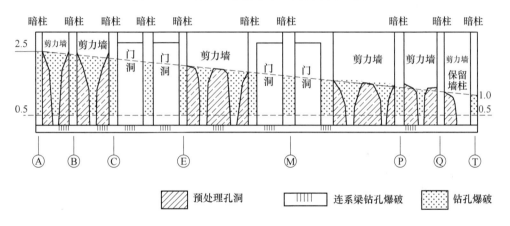

图 5-33 预处理切口布置展开示意图

设切缝口。

（3）楼梯间的踏步分层打断，扶梯栏杆预先拆除。

（4）为了确保建筑结构的稳定性，预处理工作面的面积不能超过切口面积的 60%。

5.4.5 爆破参数设计

（1）暗柱爆破参数。

$\delta = 28\text{cm}$；

孔径 $\phi = 40\text{mm}$；

孔深 $L = 0.67\delta = 18.7\text{cm}$，综合考虑药包埋设长度，取 19cm；

孔距 $a = 1.2L = 22.8\text{cm}$，实取 25cm；

排距 $b = a$，取 25cm；

单耗 q ，炸药单耗 q 按照不同的切口位置进行选取，下部切口 $q = 2500\text{g/m}^3$ ；中部、上部切口 $q = 2000/\text{m}^3$ ，根据试爆结果进行调整。

则底部切口单孔装药量 $Q = qab\delta = 43.75\text{g}$ ，实取 45g；中部、上部切口单孔装药量 $Q = qab\delta = 35\text{g}$ ，实取 35g。

（2）剪力墙爆破参数。

$\delta = 28\text{cm}$ ；

孔径 $\phi = 40\text{mm}$ ；

孔深 $L = 0.67\delta = 18.7\text{cm}$ ，综合考虑药包埋设长度，取 19cm；

孔距 $a = 1.2L = 22.8\text{cm}$ ，实取 25cm；

排距 $b = a$ ，取 25cm；

单耗 q ，炸药单耗 q 按照不同的切口位置进行选取，下部切口 $q = 2000\text{g/m}^3$ ；中部、上部切口 $q = 1500/\text{m}^3$ ，根据试爆结果进行调整。

则底部切口单孔装药量 $Q = qab\delta = 35\text{g}$ ，实取 35g；中部、上部切口单孔装药量 $Q = qab\delta = 26.25\text{g}$ ，实取 30g。

（3）连系梁的爆破参数。

连系梁尺寸为 28cm×30cm；

孔径 $\phi = 40\text{mm}$ ；

壁厚 $B = 28\text{cm}$ ；

梁高 $H = 30\text{cm}$ （含楼板厚度）；

孔深 $L = 19\text{cm}$ ；

孔距 $a = 30\text{cm}$ ；

单耗 $q = 1200\text{g/m}^3$ ；

单孔装药量 $Q = 0.28 \times 0.3 \times 0.3 \times 1200 = 30.2\text{g}$ ，实取 30g。

（4）爆破总装药量。爆破装药量汇总表见表5-4。

表 5-4　爆破装药量汇总表

项目	位　　置	尺　　寸	孔　数	总孔数	单孔药量/g	总药量/kg
剪力	第1~4层	280mm×300mm	14250		45	641.25
墙暗柱	第9~10层	280mm×300mm	4550	23350	35	124.25
	第16~17层	280mm×300mm	4550		35	124.25
铰链	第7层	280mm×300mm	970		35	33.95
	第13层	280mm×300mm	970	2440	35	33.95
	旋转餐厅	异形	500		35	17.5
合计				25790		975.15

5.4.6 爆破网路设计

（1）采用非电毫秒延期导爆管雷管连接网路，为了控制爆破齐发的危害，将整个爆破区分解，从下到上分成三大区域，1～4层、9～10层、16～17层为一个大分区，采用9段延期雷管从下到上接力起爆，接力延期310ms。

（2）在每一层大分区的楼层里，从南向北又划分为3个分段延期区，采用5段雷管接力起爆。

（3）所有孔内采用15段导爆管雷管簇连，汇总的过渡连接管采用1段管双管复式交叉连接，主网路采用双管复式交叉连接，见图5-34。

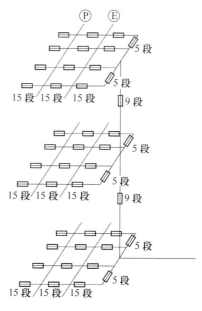

图5-34 爆破网路连接示意图

5.4.7 爆破安全防护

（1）对剪力墙爆破部位的防护（覆盖防护）。对建筑结构外围所有装药的剪力墙部位的炮孔裹上胶皮网用铁丝捆扎紧实，如图5-35所示。

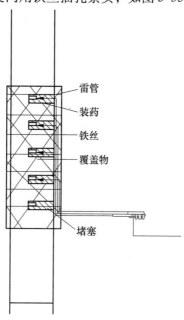

图5-35 剪力墙部位防护示意图

（2）大楼近体防护。以防万一，为确保全面安全，在爆破区域外围搭设竹排栅或脚手架。排栅上挂胶皮网、安全密目网。爆破部位飞出的个别飞石，打在柔性防护材料上，可以大大降低其冲击动能，进一步阻挡越过近体防护的个别飞石，控制爆破飞石危害，如图 5-36 所示。

赤水河岸边茅台酒厂排污管及茅台镇的排污管沟为本次茅台大桥爆破拆除的重点保护对象，见图 5-37。

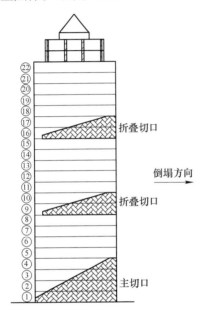

图 5-36　爆破飞石覆盖防护　　　　　　图 5-37　河堤排污管现状图

（3）河堤污水管道及排污管沟。爆破拆除时为确保大楼后侧污水管沟的绝对安全，采取以下防护措施：

1）尽量减少爆破时垮塌体后坐，通过精准毫秒延期爆破技术，细化爆破解体单元，保证靠近受保护对象的墙体破碎充分，减少塌落体对受保护对象的冲击。

2）为减小部分破碎体对污水管沟的冲击作用，在地面上垒沙袋墙（下脚宽 3m，上脚宽 2m，高 3m）。塌落块体首先砸在沙袋墙上，一方面可以减小冲击作用力，另一方面避免直接与地面作用，可以有效保护两沙袋墙之间的污水管和侧面的河堤挡墙。

防护范围超出楼房两侧边线各 5m，共 36m，防护结构如图 5-38 所示。

5.4.8　爆破效果

具体爆破效果见图 5-39。

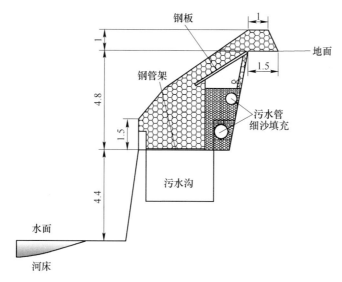

图 5-38 排水管沟及污水管防护示意图

图 5-39 爆破效果照片

⑥ 桥梁的爆破拆除实例

6.1 茅台大桥爆破拆除工程

6.1.1 工程概况

（1）工程简介。贵州省仁怀市茅台镇为打造赤水河两岸景观工程，把原茅台大桥拆除，由贵州新联爆破工程集团有限公司承接该爆破拆除工程。茅台大桥是茅台镇主要交通枢纽，该大桥位于贵州省仁怀市茅台镇中心区，茅台大桥是一座总长281.923m、宽13m的预应力混凝土桁式连续刚构桥，茅台大桥实物图见图6-1。

图 6-1　茅台大桥实景图

赤水河茅台大桥位于贵州省茅台镇境内，该桥于1993年建成通车，已运营19年，曾在2009年维修过一次桥面。桥梁总长281.923m，其中茅台岸和古蔺岸桥台长度各为24.6m和17.68m，全桥桥跨组合从茅台岸至古蔺岸依次为12.158m+20m+50m+88m+50m+19.485m，为了方便后续拆除方案描述依次记为1跨、2跨、3跨、4跨、5跨、6跨。主桥（3跨、4跨、5跨）为50m+88m+50m预应力混凝土桁式连续刚构，计算矢高9.61m，横桥向设有四片主桁架，主跨下弦轴线为二次抛物线。引桥上部均为钢筋混凝土简支T梁，跨径分别为12.158m、20m、19.485m（从茅台岸向古蔺岸方向），横桥向均由8片梁组成。桥面净宽为9m（行车道）+2×2m（人行道）=13.0m。桥面离地面高约20m。主桥的下部结构为薄壁桥墩，茅台岸方向的基础为桩基，古蔺岸方向的基础为沉井。引桥的基础均为桩基础。

（2）茅台大桥受力分析。拱式桥稳定性的主要控制构件是其拱圈或下弦杆，其次是主梁。因此，拱式桥爆破拆除过程中，应通过爆破使拱圈或下弦杆在"拱脚"处失去水平和竖直向的支撑，使其由超静定结构转化为转动结构，使拱结构发生扭转失稳而塌落，进而诱发主梁的折断破裂。若拱圈或下弦杆的弧度较大，则拱形结构中部也要进行爆破，以解除其多余的刚度，形成"多铰拱"避免倒而不破的后果。其次拱上爆破缺口的大小，其展长必须要大于两柱之间的距离。

（3）周边环境概况。茅台大桥位于贵州省仁怀市茅台镇中心区，横跨河滨大道和赤水河。茅台大桥周围环境复杂，桥头东侧距离民房最近约1m（爆破施工前，东侧拆迁范围为50m），西侧间距民房最近约8.5m；古蔺岸桥头东侧距离四渡赤水纪念景区最近约25m，西侧离居民房屋约50m；大桥正下方河岸沿线有茅台酒厂污水管道及茅台镇排污管沟，茅台大桥桥身搭载各种电力、通讯管线，茅台岸河滨大道上方架设有关系全镇的各种电力、通讯线路，桥梁受力分析图及其周边四邻环境见图6-2和图6-3。

桥梁立面图 1:1000

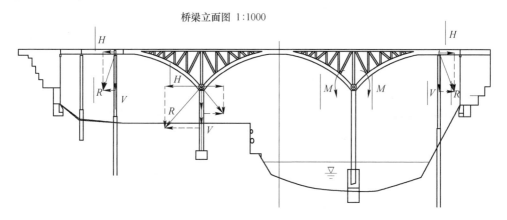

图6-2 桥梁受力分析图

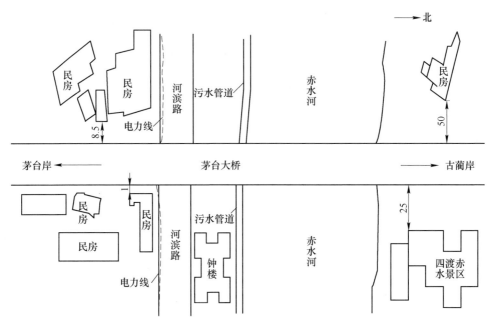

图 6-3　茅台大桥四邻环境示意图（单位：m）

（4）施工要求。

1）将茅台大桥、茅台钢便桥墩基实行控制爆破拆除。要求桥台及桥体上部结构全部坍塌，充分解体破碎，桥墩从河床表面或自然地面以上破碎，爆破后粒径控制在 0.5m 以下。

2）有效控制爆破危害，确保爆破时不损坏邻近建（构）筑物，并确保警戒线外的人员不受爆破伤害，尤其是要确保茅台酒厂污水管道、茅台镇排污管沟及周边民宅的安全。

6.1.2　茅台大桥拆除总体方案

目前，对桥梁的拆除方式主要有爆破拆除、机械拆除、人工拆除三种方式。根据茅台大桥的结构特点、周边环境以及业主要求，选取爆破拆除与机械拆除相结合的方案，大桥总体拆除方案见图 6-4。

（1）施工方案。

1）桥上栏杆进行人工拆除，爆破拆除区域的部分桥面和人行道进行机械预处理；

2）主桥的 3 跨、4 跨、5 跨水上部分采用爆破拆除；

3）主桥体爆破时 4 号桥墩水面以上预留 1m，待水面上爆破后进行水下基础爆破拆除；

4）1 跨、2 跨、6 跨及两岸桥台进行机械拆除；

5）桥梁塌落体大块机械破碎解小，以满足粒径要求。

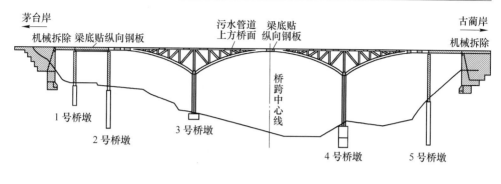

图 6-4 茅台大桥的总体拆除方案

（2）爆破拆除范围。茅台大桥的爆破拆除区域为主桥（3 跨、4 跨、5 跨），见图 6-5 中线框区域。

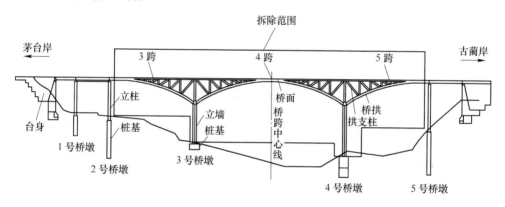

图 6-5 爆破拆除范围示意图

（3）桥墩爆破切口设计。爆破拆除区域内的桥墩为 3 号、4 号墙形桥墩。3 号桥墩由地表 +0.5m 至 +5m 范围内全部打孔，+7m 以上至桥墩顶部间隔 3m 打 2 排孔。4 号桥墩位于赤水河内，需要对水下部分桥墩爆破以保证赤水河顺利通航。根据现场调查，茅台大桥河段水深 3m 左右，因此 4 号桥墩在桥梁主体爆破时，在水面上预留 1m 作为水下部分区域的爆破作业平台。主体爆破时 4 号桥墩的切口为桥墩水面 +1m 至 +18m 范围内全部打孔，+18m 以上至桥墩顶部间隔 0.8m 打 2 排孔。3 号墙形桥墩设计钻孔高度为 15.2m，4 号墙形桥墩设计钻孔高度为 30.7m，其中 +1m 至桥墩顶部 26.7m。3 号、4 号桥墩爆破切口位置见图 6-6 和图 6-7。

（4）弦杆、拱上立柱爆破切口设计。对大桥的主要弦杆采用浅孔爆破技术，拱上立柱和斜杆进行爆破处理。上弦杆、下弦杆、拱上立柱及斜杆爆破位置图见图 6-8。

（5）桥面爆破切口及预处理设计。为了保障桥梁爆破后桥面不对赤水河通

图 6-6　3 号桥墩爆破切口位置图（单位：m）

图 6-7　4 号桥墩爆破切口位置图（单位：m）

行造成影响，赤水河上所对应的桥面每间隔 5m 打 2 排孔；为了最大程度地降低桥面塌落体对茅台酒厂污水管及排污管沟的冲击，在其管道上方所对应的 10m 范围内桥面全部钻孔爆破；其余部分桥面为降低塌落触地振动危害、满足块度大小，要求每间隔 10m 打 2 排孔，并在间隔中间部位机械处理一个 1m×0.5m 宽切割洞，洞与洞纵向交错布置，采用机械预处理人行道，剔除钢筋混凝土。

6.1.3　爆破参数设计

桥梁各部位尺寸取值参考自茅台大桥加固设计图，由于缺少茅台大桥的设计

图 6-8 上弦杆、下弦杆、拱上立柱及斜杆爆破位置

图纸,桥梁结构各部分配筋率无法得知,先根据经验确定爆破参数,确切的爆破参数需现场试爆确认。

(1) 3 号、4 号墙形桥墩爆破参数。3 号墙形桥墩位于河滨路旁,4 号桥墩位于赤水河内,均为钢筋混凝土矩形结构。拱下桥墩均为长 12m、宽 2.4m;拱上桥墩均为长 12m、宽 1.46m。为了降低爆破飞石危害,3 号、4 号桥墩爆破按照"多打孔、少装药、宁碎勿飞"的思路,拱下桥墩采用宽孔距小排距原理,选择桥墩宽边布孔。

3 号桥墩爆破切口离地面高 0.5m,其中 +0.5m 至 +7m 范围为拱下桥墩,由地表 +0.5m 至 +5m 范围内全部打孔,两边边线采用密集打孔,孔距 0.4m,孔深 1.5m,最小抵抗线 $w = 0.4$m,单孔药量 $Q = 800$g;中间区域孔距 80cm,排距 50cm,孔深 1.85m,堵塞长度 $l = 0.6$m,最小抵抗线 $w = 0.4$m,单孔药量 $Q = 1200$g。+7m 至 +15.2m 范围为拱上桥墩,桥墩 +7m 以上至桥墩顶部间隔 3m 打 2 排孔,孔距 60cm,排距 50cm,孔深 1m,堵塞长度 $l = 0.5$m,最小抵抗线 $w = 0.4$m,单孔药量 $Q = 500$g。炸药采用 2 号岩石乳化炸药,药卷直径为 32mm,单耗 $q = 1750$g/m^3,采用连续密实装药结构,钻孔示意图见图 6-9。

4 号桥墩爆破切口离地面高 0.5m,其中 +0.5m 至 +18.5m 范围为拱下桥墩,由地表 +0.5m 至 +18m 范围内全部打孔,两边边线采用密集打孔,孔距 0.4m,孔深 1.5m,最小抵抗线 $w = 0.4$m,单孔药量 $Q = 1000$g;中间区域孔距 80cm,排距 50cm,孔深 1.85m,堵塞长度 $l = 0.6$m,最小抵抗线 $w = 0.4$m,单孔药量 $Q = 1400$g。+18.5m 至 +26.7m 范围为拱上桥墩,桥墩 +18.5m 以上至桥墩顶部间隔 3m 打 2 排孔,孔距 60cm,排距 50cm,孔深 1m,堵塞长度 $l = 0.5$m,最小抵抗线 $w = 0.4$m,单孔药量 $Q = 500$g。炸药采用 2 号岩石乳化炸药,药卷直径为

32mm, 单耗 $q = 1750\mathrm{g/m^3}$, 采用连续密实装药结构, 钻孔示意图如图6-9所示。

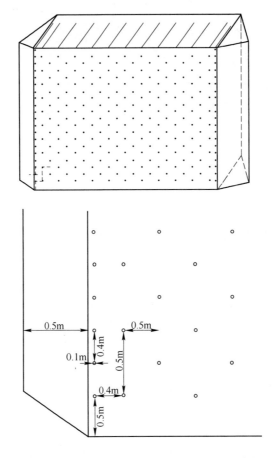

图6-9   3号、4号桥墩拱下部分钻孔示意图（单位：m）

水下部分桥墩利用预留平台, 采用潜孔架子钻进行爆破作业。孔深取 5.5m （根据施工时, 赤水河的水深情况实际确定）, 孔径 90mm, 孔距 1.35m, 堵塞长度 $l = 2.5\mathrm{m}$, 最小抵抗线 $w = 1.2\mathrm{m}$, 单孔药量 $Q = 19\mathrm{kg}$。炸药采用 2 号岩石乳化炸药, 药卷直径为 70mm, 单耗 $q = 1750\mathrm{g/m^3}$。钻孔示意图见图6-10。

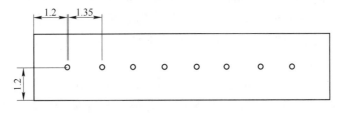

图6-10   水下桥墩钻孔平面示意图（单位：m）

3 号、4 号桥墩具体爆破参数见表 6-1。

表 6-1 3 号、4 号桥墩装药明细表

墩位	地面上高度/m	炸高/m	钻孔直径 φ/mm	孔距 /cm	排距 /cm	厚度 /m	孔数 /个	单孔药量 /g	总药量 /kg
3 号	15.2	5	40	80	50	2.4	150	1200	180
		8.2（间隔 3m 打 2 排孔）	40	60	50	1.46	76	500	38
4 号	30.7	—	90	135	—	3	8	19000	152
		18	40	80	50	2.4	540	1400	756
		8.2（间隔 0.8m 打 2 排孔）	40	60	50	1.46	228	500	114

（2）上弦杆、下弦杆、横隔板及拱上立柱爆破参数。根据茅台大桥设计单位交通部重庆公路科学研究所肖贤德所发表的论文《茅台大桥设计与施工》数据，下弦杆工字梁高 1.07m，宽 0.6m。工字形下弦杆顶面布 3 排垂直孔，第一、三排孔离边线 0.15m，孔距 0.25m、孔深 0.15m；第二排孔位于中线上，孔距 0.3m，孔深 0.8m。工字形下弦杆下翼板布 2 排斜孔，呈"之"字形布置，孔距 0.25m，孔深 0.15m。下弦杆钻孔位置如图 6-11 所示，爆破参数设计见表 6-2。

表 6-2 下弦杆爆破参数设计表

部位	钻孔方向	孔距/m	排距/m	孔深/m	孔数/个	单孔药量/g	总药量/kg
上部	垂直孔	0.25	0.15	0.15	640	35	22.4
	垂直孔	0.3	0.3	0.8	192	70	13.44
下部	斜孔	0.25		0.15	640	35	22.4

上弦杆高 0.7m、宽 60cm，采用垂直钻孔，取孔径 $\phi = 40$mm，孔深 50cm，孔距 $a = 50$cm，堵塞长度 $l = 0.23$m，最小抵抗线 $w = 0.2$m，单孔药量 $Q = 270$g。

横隔板高 0.8m，厚 0.32m，取孔径 $\phi = 40$mm，孔深 21cm，孔距 $a = 30$cm，堵塞长度 $l = 0.15$m，最小抵抗线 $w = 0.11$m，单孔药量 $Q = 60$g。

拱上立柱宽 0.32m、厚 0.32m，在立柱中部钻 4 个孔，取孔径 $\phi = 40$mm，孔距 25cm，孔深 21cm，堵塞长度 $l = 0.17$m，最小抵抗线 $w = 0.11$m，单孔药量 $Q = 40$g，采用水平钻孔。

均采用 2 号岩石乳化炸药，药卷直径为 32mm，单耗定为 $q = 1200$g/m³。

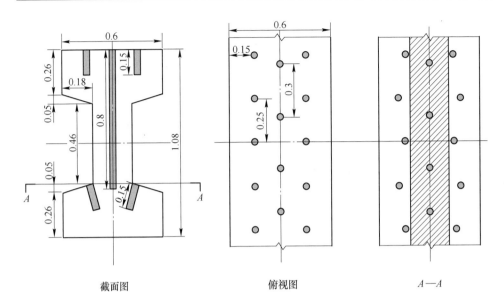

截面图　　　　　　　　俯视图　　　　　　　　$A—A$

图 6-11　下弦杆工字梁炮孔布置示意图

上弦杆、横隔板、拱上立柱布孔及装药参数见表 6-3。

表 6-3　上弦杆、立柱、横隔板爆破参数设计表

部位	高度/m	宽度/m	孔距/m	排距/m	孔深/m	孔数/个	单孔药量/g	总药量/kg
上弦杆	0.80	0.60	0.25	0.20	0.60	680	70	48
拱上立柱	0.32	0.32	0.30	—	0.21	192	35	6.72
横隔板	0.83	0.26	0.30	—	0.5	108	60	6.48

（3）桥面爆破参数。茅台大桥爆破拆除区域桥面长 188m，根据维修加固 CAD 图纸资料，桥面中间厚、两边薄，连接上弦杆处呈倒角形状，厚度分别为 0.40m、0.35m、0.45m。

为减小塌落振动，采用浅孔爆破技术，河面上方桥面每间隔 10m 布 2 排孔，河岸上方桥面间每隔 5m 布 2 排孔，孔径 40mm，孔距 30cm，排距 30cm。

为了确保赤水河茅台岸茅台酒厂的污水管道及茅台镇排污管沟的绝对安全，在其对应位置上方桥面 10m 范围内全部打孔，通过密集钻孔爆破保证管沟上方桥体破碎充分，以最大程度降低塌落桥体的冲击危害，孔径 40mm，孔距 30cm，排距 30cm。

打孔时，如遇到下弦杆内钢筋、钢绞线时应立即停止施工，以免破坏桥拱结构而发生垮塌。

均采用 2 号岩石乳化炸药，药卷直径为 32mm，单耗定为 $q = 1200 \text{g/m}^3$。

桥面布孔及装药参数见表6-4。

表6-4 桥面爆破参数设计表

部位	厚度/m	孔距/m	排距/m	孔深/m	孔数/个	单孔药量/g	总药量/kg
桥面	0.45	0.3	0.3	0.28	1150	30	34.5
	0.4	0.3	0.3	0.26	573	30	17.19
	0.35	0.3	0.3	0.22	1150	30	34.5

本次爆破炮孔总数为6327个，总用药量1446kg。

6.1.4 爆破网路设计

（1）设计思路。

1）爆区划分。为了控制爆破振动和塌落振动，桥体爆破使用的雷管共分为4个段别。采用并-串-并-串的交叉复式起爆网路。即：从茅台岸开始，由南向北、同一立面上先桥下后桥面，按顺序将相邻炮孔内的导爆管20根簇连，用双发1段非电雷管过渡传爆，交叉后由双发5段非电雷管传爆，然后并入交叉复式主接力传爆网路。每个独立小爆区簇连最大齐发药量不超过80kg，其余部位不超过40kg。

2）延期时间的设计。每个炮孔使用1发15段非电导爆管雷管，将每个柱墩或者梁上导爆管簇连为1个集束，每簇最多不超过20发。主网路采用毫秒延期起爆网路，相邻大区间用MS-9段雷管串联大延期传爆，每个大区内再用MS-5雷管串联小延期传爆，所有传爆处均采用2个2发雷管交叉连接。

3）起爆分段及延期时间。起爆分段及延期时间见表6-5。

表6-5 起爆分段及延期时间

爆 破 部 位	起爆药量/kg	孔内起爆雷管	孔外传爆雷管	延期时间/ms
3跨腹杆、上下弦杆、桥面小爆区1	40			0
3跨腹杆、上下弦杆、桥面小爆区2	22		起爆大区间用MS9（延时380ms）接力传爆；每个独立小爆区使用MS5（延时110ms）接力传爆	110
3跨3号桥墩小爆区1	80			0
3跨3号桥墩小爆区2	80			110
3跨3号桥墩小爆区3	80			220
4跨左半跨腹杆、上下弦杆、桥面小爆区1	40	MS15延时880ms		600
4跨左半跨腹杆、上下弦杆、桥面小爆区2	40			710
4跨左半跨腹杆、上下弦杆、桥面小爆区3	40			820
4跨左半跨腹杆、上下弦杆、桥面小爆区4	40			930
4跨左半跨腹杆、上下弦杆、桥面小爆区5	5			1040
4跨右半跨腹杆、上下弦杆、桥面小爆区1	40			1150

续表6-5

爆 破 部 位	起爆药量 /kg	孔内起爆雷管	孔外传爆雷管	延期时间 /ms
4跨右半跨腹杆、上下弦杆、桥面小爆区2	40			1260
4跨右半跨腹杆、上下弦杆、桥面小爆区3	39			1370
4跨右半跨4号桥墩小爆区1	80			1480
4跨右半跨4号桥墩小爆区2	80			1590
4跨右半跨4号桥墩小爆区3	80		起爆大区间用MS9（延时380ms）接力传爆；	1600
4跨右半跨4号桥墩小爆区4	80			1710
4跨右半跨4号桥墩小爆区5	80			1820
4跨右半跨4号桥墩小爆区6	80	MS15延时880ms		1930
4跨右半跨4号桥墩小爆区7	80		每个独立小爆区使用MS5（延时110ms）接力传爆	2040
4跨右半跨4号桥墩小爆区8	80			2150
4跨右半跨4号桥墩小爆区9	80			2260
4跨右半跨4号桥墩小爆区10	80			2370
4跨右半跨4号桥墩小爆区11	80			2480
5跨腹杆、上下弦杆、桥面小爆区1	40			1480
5跨腹杆、上下弦杆、桥面小爆区2	40			1590
5跨腹杆、上下弦杆、桥面小爆区3	10			1600

（2）爆破网路。

1）起爆器材的选择。起爆器材选择非电毫秒雷管和瞬发电雷管。

2）起爆顺序和爆破网路示意图如图6-12和图6-13所示。

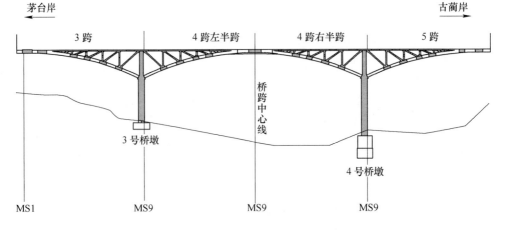

图6-12　起爆顺序示意图

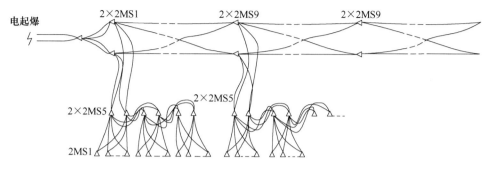

（炮孔导爆管一把抓）

注：从茅台岸起，由南向北，先桥下后桥面，按顺序将炮孔内导爆管一把抓，用 2 发
MS1 传爆，再交叉由 2 个 2 发 MS5 传爆，然后联入主接力交叉复式传爆网路。

图 6-13　起爆网路示意图

3）起爆地点选取。起爆点设在大桥茅台岸河滨路上 300m 处（中国建设银行附近），以利于起爆。

6.1.5　爆破器材用量表

本次爆破所需爆破器材计划见表 6-6。

表 6-6　爆破器材用量表

材料名称	乳化炸药 φ32mm	雷　管				
		电雷管	塑料导爆雷管			
			5 段	15 段	1 段	9 段
单位	公斤	发	发	发	发	发
数量	1446	20	150	5000	600	20

6.1.6　爆破安全防护措施

（1）爆破飞石防护。

1）爆破点产生的飞石。对受保护对象采取近体隔离防护和爆破点直接覆盖防护相结合的防护方式。

3 号、4 号墙形立柱及联系梁采取包裹防护，即用三层防护材料（胶皮网）把立柱严严实实包裹，并用铁丝捆牢，防护高度（长度）必须超过上、下炮孔区域 50cm。

桥面爆破采用胶皮网覆盖和堆压沙袋的方法防护爆破飞石。爆破时炮孔上覆盖 2 层胶皮网，在胶皮网上方覆盖 0.5m 厚的沙袋，桥面侧面炮孔处采取 3 层胶皮网悬挂防护。桥体其余部位采用 3 层胶皮网进行包裹防护。

2）爆体触地产生的飞石及防护措施。由于爆破桥体离地面距离较大，当触地区域为硬质地面或泥水地，产生飞石的可能性极大，这时需采取一定的技术措施以杜绝产生飞石，对迎宾大道段铺设较厚的沙袋，然后在上面铺设棕垫、稻草等软性缓冲材料；如是硬质地面，需将地面上的碎石清除干净，再在地面上铺设细沙、棕垫、稻草等软性缓冲材料。

3）隔离防护。隔离防护主要适用于两种情况：一种是当被保护物为平面建筑物或玻璃幕墙不便于进行覆盖防护时采用；另一种是爆体的局部单耗较大时采用。隔离防护用的较为广泛的是对靠近承重立柱的保护体进行防护，因为立柱底部是基础钢筋和房屋钢筋交接点，钢筋密集，要让混凝土完全脱笼就必须增加炸药单耗，要么增大单孔装药量，要增加炮孔数量，这种情况下即使对立柱采取直接包裹防护措施仍不能完全杜绝飞石，这时可在底部离立柱边缘 0.5m 堆积沙袋采用隔离防护。根据现场实际情况，钟楼和茅台岸东侧临近住房处用沙袋堆置安全防护屏障，高度要达到 5m、宽度为 2m，在沙袋墙体上搭设排栅，排栅上挂安全网，当个别飞石与竹排发生碰撞、经过拦阻截，其飞行速度、距离将大大减小，降低飞石危害。

4）主动保护性防护。对爆破区域周围需保护建筑物、构筑物、管线、设备采用主动保护性防护。受保护对象的保护性防护主要是当部分爆破飞石越过爆破点防护层和隔离防护时，为保证受保护对象安全进行的自身保护性防护措施。在受保护体上挂胶皮网、安全网等保护建（构）筑物等不受损坏。

（2）爆破振动防护。为了减小振动对周边建（构）筑物的影响，可以采取以下措施：对主要爆破切口区间采用毫秒延期间隔爆破技术，建筑物从茅台岸向古蔺岸顺序倒塌，使建筑物依次塌落触地，以控制一次触地的最大构件质量，减小爆破触地振动及飞石的危害。在地面铺设砂层等柔性材料作为减振物，沿茅台桥头至河滨大道赤水河侧边缘摊铺高 2.5m，宽度超过桥面两侧各 2m 的沙袋作为减震堤，距东侧被保护建筑物与钟楼 10m 处，开挖宽 3m、深 3m、长度超过被保护对象两侧各 3m 的减震沟，以最大程度的控制爆破振动与触地振动的危害。

赤水河岸边茅台酒厂排污管及茅台镇的排污管沟为本次茅台大桥爆破拆除的重点保护对象，见图 6-14。

为确保茅台大桥爆破拆除时污水管沟的绝对安全，从桥梁的爆破工艺及隔离防护方面采取如图 6-15 和图 6-16 所示的防护措施：

1）在排污沟及排污管正上方所对应的大桥桥面 10m 范围内全部钻孔，通过密集钻孔爆破保证受保护对象上方破碎充分，减少塌落体对受保护对象的冲击。

2）在大桥正下方河堤至 3 号墩之间铺设 3 道减震堤，3 号墩至 2 号墩之间铺设 5 道减震堤。考虑到 2 号墩离河滨路商铺最近，将 2 号墩 2m 外的减震堤加宽

图 6-14　桥下污水管道及排污管沟

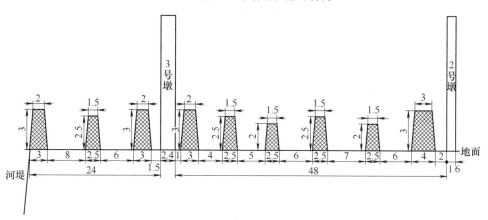

图 6-15　大桥下方减震堤布置示意图

加高（下底宽 4m，上底宽 3m，高 3m）。防护结构具体尺寸如图 6-15 所示，宽度为 18m，两边各超出大桥边线 2m。

3）污水管沟上方采用垒沙袋、细沙包封、大尺寸钢管支撑、钢板覆盖四个方面的防护措施。在地面上堆设减震堤（下脚宽 3m，上脚宽 2m，高 3m）以减小大桥塌落体对污水管沟的冲击作用。污水管沟横梁和盖板承载能力较差，提前揭开污水沟盖板，沟底用沙袋铺平，沙袋上安放 ϕ1.8m 双管涵（钢管涵，壁厚 10mm，内焊十字撑增强稳定性，两管之间用钢板焊接固定）。河堤挡墙内侧沿挡墙竖向安插钢板，避免涵管受到的冲击载荷作用力集中于挡墙上。双管涵上铺沙袋作缓冲垫层，沙袋上再安放 ϕ2.8m 管涵（钢管涵，壁厚 10mm，内焊十字撑）。

为了避免因应力集中而损坏污水管，在污水管槽钢支架内填充细沙，上部采用空腔隔离，增加缓冲距离，然后用 3m 钢板覆盖，钢板上铺 2~3 层沙袋。防护范围超出大桥两侧边线各 5m，共 24m，防护结构如图 6-16 所示。

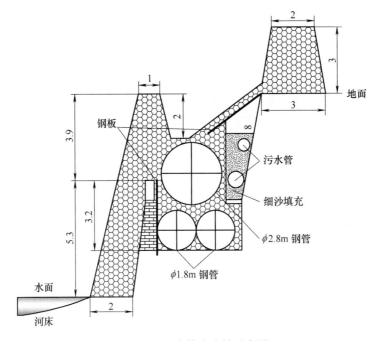

图 6-16　污水管沟防护示意图

6.1.7　爆破效果

具体爆破效果见图 6-17。

图 6-17 爆破效果照片

6.2 务川龙塘河桥爆破拆除工程

6.2.1 工程概况

（1）工程简介。龙塘河大桥位于贵州省遵义市务川县都濡镇杨村，该桥始建于1988年，次年建成通车，至今有25年，由于桥体结构存在缺陷，且年久失修，为了除去桥的安全隐患以及建设需要，急需对此桥采取爆破拆除，由贵州新联爆破工程集团有限公司承接该爆破拆除工程。龙塘河大桥始建于1988年，总长146m，宽6m，为预应力钢筋混凝土悬臂桁架拱桥，龙塘河大桥实物见图6-18。该桥横穿龙塘河，桥面距河面有60m高，河面宽80m，河底宽30m，水深20～30m，要求爆渣不能影响正常通航。

图 6-18 龙塘河大桥实物图

（2）结构特点。该桥为预应力钢筋混凝土悬臂桁架拱桥，为单跨拱桥。其中桥拱、主梁以及拱上联系梁为钢筋混凝土结构，桥面上面部分为现浇混凝土，桥面以下部分为预制混凝土结构。桥拱之间为预制混凝土结构。桥墩为钢筋混凝土结构，桥墩基础以及桥台表面为砖砌结构，内部是否满筑混凝土还需要进钻孔验证。龙塘河大桥结构详见图 6-19，龙塘河大桥总长 146m，其中两边桥墩之间 118m，桥宽 6m。

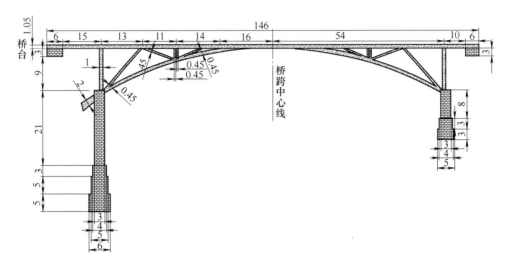

图 6-19　龙塘河大桥关键部位尺寸图（单位：m）

（3）龙塘河大桥受力分析。拱式桥稳定性的主要控制构件是其拱圈或下弦杆，其次是主梁或上弦杆。因此，拱式桥爆破拆除过程中，应通过爆破使拱圈或下弦杆在"拱脚"处失去水平和竖向支撑，使其由超静定结构转化为转动机构，使拱结构发生转动失稳而塌落，进而诱发主梁的折断破裂。如拱圈或下弦杆的弧度较大，则应在拱形结构中部进行爆破，以解除其多余的刚度，形成"多铰拱"避免倒而不破的后果。其次在拱上的爆破缺口区域大小，必须满足除去缺口部分拱的展长大于两柱之间的距离。

（4）周边环境概况。龙塘河大桥位于贵州省遵义市务川县都濡镇杨村，横跨龙塘河。龙塘河大桥周围环境较好，桥头南侧距民房最近约 90m，离高压线及变电站 40m。北侧距民房最近 30m，离高压线 30m。该桥周边四邻环境示意图见图 6-20。

（5）施工要求。

1）将龙塘河大桥实行控制爆破拆除。要求桥台及桥上部结构全部炸塌，充分解体破碎，爆渣不影响河流的正常通航。为方便后期建设施工，桥墩及桥墩基础要充分解体。

2）有效控制爆破危害，确保爆破时不得损坏邻近建（构）筑物，并确保警

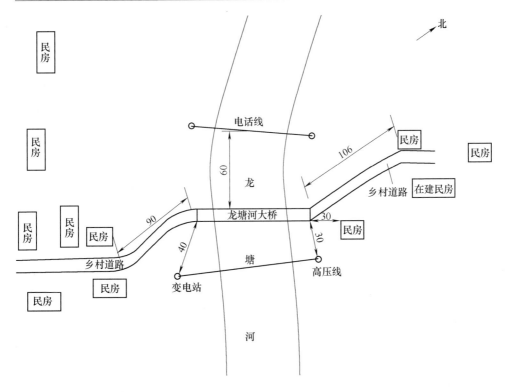

图 6-20　龙塘河大桥四邻环境示意图（单位：m）

戒线外的人员不受爆破伤害，尤其是要确保变压器、高压线及周边民宅的安全。

6.2.2　龙塘河大桥拆除总体方案

目前，对桥梁的拆除方式主要有爆破拆除、机械拆除、人工拆除三种方式。根据龙塘河大桥的结构特点、周边环境以及业主要求，选取爆破拆除与机械拆除相结合的方案，大桥总体拆除方案见图 6-21。

（1）施工方案。

1）桥上栏杆及人行道构件进行人工拆除，爆破拆除区域的桥面进行人工预处理；

2）桥面、桥墩、桥墩基础、桥台、主梁、桥拱、拱上连系梁及立柱进行爆破拆除；

3）桥梁塌落体大块机械破碎解小，以满足粒径要求。

（2）爆破拆除范围。龙塘河大桥的爆破拆除区域为桥面、桥墩、桥墩基础、桥台、主梁、桥拱、拱上连系梁及立柱部分，见图 6-22 中实线框区域。人工拆除部分主要有桥面上的栏杆、人行道，桥台两边切断部位，图中点划线区域为人工拆除区域。

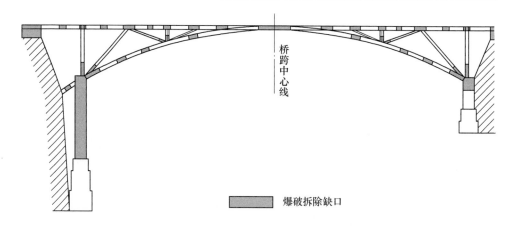

图 6-21　龙塘河大桥的总体拆除方案

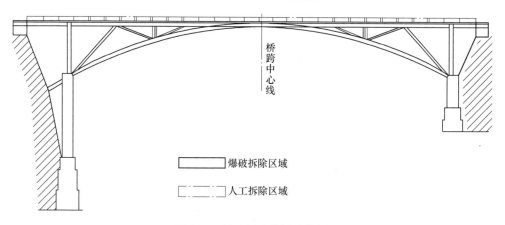

图 6-22　爆破拆除范围示意图

（3）桥墩爆破切口设计。爆破拆除区域内的桥墩及立柱从基础顶部起 +0.5m 至 +3.5m 范围内全部钻孔。根据大桥的特点，两边桥墩基础高度不同，南侧桥墩基础较高，只能爆破上面窄的一部分，从基础顶往下钻垂直孔，孔径 70mm，孔深 8m；北侧桥墩孔径 40mm，孔深 2.8m。

（4）拱及拱上立柱爆破切口设计。对大桥的拱采用浅孔爆破技术，拱圈与拱上立柱连接处、梁与拱上立柱连接处钻孔爆破，拱上的立柱也进行爆破处理，为保证良好的爆破效果在立柱中部打 2 排炮孔。横隔板及拱上立柱爆破位置图见图 6-23。

（5）桥面爆破切口及预处理设计。为了保障桥梁爆破后桥面不对河道通行造成影响，满足块度要求，应尽量减小桥面块度，由于桥面每隔 6m 有伸缩缝，根据桥面结构特点，桥面每间隔 6m 在伸缩缝处开 30cm 宽的切割缝，采用人工预处理剥离切割缝内的钢筋，剔除混凝土块。同时人工清除桥面上的栏杆、人行

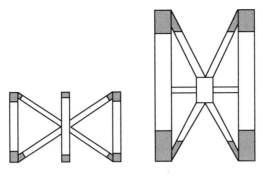

图 6-23 横隔板及拱上立柱爆破位置图

道。桥台两边则需要在装药联网结束后、爆破前切断，使桥身与桥台脱离，便于桥身的整体倒塌。对于桥面两侧的支撑梁，则采用浅孔控制爆破，每隔 6m 在伸缩缝处取 2m 的爆破缺口。

6.2.3 爆破参数设计

由于缺少龙塘河大桥的设计图纸，桥梁结构各部分配筋率无法得知，先根据经验确定爆破参数，确切的爆破参数需经现场试爆确认。

（1）桥墩爆破参数。龙塘河大桥南、北桥墩均为钢筋混凝土长方体结构。桥墩高 12m，长、宽均为 1m。桥墩爆破切口离桥墩基础高 0.5m，由桥墩基础顶部 +0.5m 至 +3.5m 范围内全部打孔，共需钻 11 排孔。炸药采用 2 号岩石乳化炸药，药卷直径为 32mm。

北面桥墩基础爆破上面窄的一部分，南边桥墩基础从顶部起向下打直径 70mm 的垂直孔，炸药采用散装膨化硝铵炸药，用直径 32mm 乳化药卷引爆。南侧桥墩基础底部设置 4m 高的缺口，布置水平孔，孔径 40mm，炸药用直径 32mm 乳化炸药。北面桥墩采用直径 40mm 的孔径，炸药用直径 32mm 乳化炸药。桥墩及桥墩基础爆破参数见表 6-7。桥墩及桥墩基础采用耦合装药结构，钻孔示意图见图 6-24。

表 6-7 桥墩及桥墩基础爆破参数表

位置	壁厚/m	孔距/m	排距/m	最小抵抗线/m	孔径/mm	孔深/m	填塞长度/m	单耗/kg·m⁻³	单孔药量/kg	孔数/个	总药量/kg
桥墩	1.0	0.3	0.3	0.2	40	0.8	0.3	3.0	0.4	80	32
墩顶部	1.0	0.4	0.3	0.3	40	2.8	0.4	3.5	2.4	16	38.4
南基础	3.0	1.3	1.0	1.0	70	8.0	1.5	1.0	21	7	147
南底部	3.0	0.8	0.6	0.6	40	2.8	0.6	1.1	2.2	46	101.2
北基础	3.0	0.8	0.6	0.6	40	2.8	0.6	1.1	2.2	26	57.2

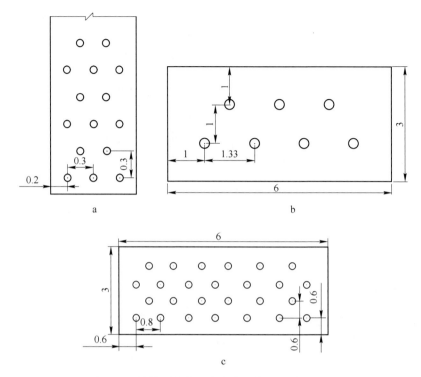

图 6-24 桥墩及桥墩基础布孔示意图（单位：m）

a—桥墩布孔示意图；b—南侧桥墩基础布孔示意图；c—南侧桥墩基础底部与北侧桥墩基础布孔示意图

（2）梁、拱、横隔板及拱上立柱爆破参数。根据龙塘河大桥实地勘测，工字形梁及拱高 1.0m，厚 0.5m。采用垂直钻孔，取孔径 $\phi = 40mm$，孔深 90cm，梁和拱布孔及装药见图 6-25。

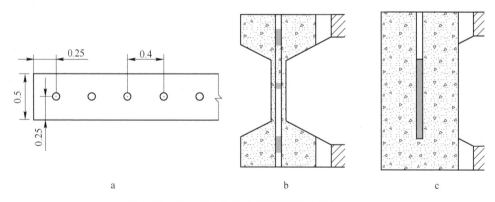

图 6-25 梁、拱布孔及装药示意图（单位：cm）

a—梁、拱布孔示意图；b—工字梁部位分层装药示意图；c—梁实心部位装药示意图

横隔板、拱上立柱宽 0.45m，厚 0.45m，采用水平钻孔，取孔径 $\phi = 40mm$，

每个横隔板、拱上立柱钻4~6个炮孔，共计须钻孔36组，共约180个炮孔。

炸药均采用2号岩石乳化炸药，药卷直径为32mm，根据现场实测尺寸及试爆再行调整。梁、拱、横隔板、拱上立柱布孔及装药参数见表6-8。

表6-8 梁、拱、横隔板、拱上立柱部位装药明细表

位　置	厚/m	宽/m	孔距/m	最小抵抗线/m	孔径/mm	孔深/m	填塞长度/m	单耗/kg·m⁻³	单孔药量/kg	孔数/个	总药量/kg
梁（工字型）	1.0	0.5	0.4	0.1	40	0.9	0.1	2.0	0.25	40	10
梁（实心）	1.0	0.5	0.4	0.25	40	0.8	0.3	2.0	0.4	110	44
拱（工字型）	1.0	0.5	0.4	0.1	40	0.9	0.1	2.0	0.25	60	15
拱（实心）	1.0	0.5	0.4	0.25	40	0.8	0.3	2.0	0.4	100	40
横隔板	0.45	0.45	0.3	0.225	40	0.35	0.15	3.3	0.2	60	12
拱上立柱	0.45	0.45	0.3	0.225	40	0.35	0.15	3.3	0.2	120	24

（3）桥台爆破参数。龙塘河大桥南、北桥台均为砖混浆砌结构。两边桥台长6m、宽6m、厚3m。炸药采用直径32mm乳化炸药。南边桥台缺口取3m长，采用70mm垂直孔。具体爆破参数见表6-9。

表6-9 桥台爆破参数表

位置	厚/m	孔间距/m	孔排距/m	最小抵抗线/m	孔径/mm	孔深/m	填塞长度/m	单耗/kg·m⁻³	单孔药量/kg	孔数/个	总药量/kg
北桥台	3.0	0.8	0.6	0.6	40	2.8	0.6	1.0	2.2	14	30.8
南桥台	3.0	1.0	1.0	1.0	70	3.0	1.0	2.0	6.0	10	60

6.2.4 爆破网路设计

（1）设计思路。

1）起爆顺序。将整个桥从桥跨中心线处划分为南北两个爆区，采用并-串-并-串的交叉复式导爆管接力起爆网路起爆。采用从龙塘河大桥中间向南北两边同时传爆，同一立面上先桥下后桥面的起爆技术。起爆顺序见图6-26。

2）延期时间的设计。主网路采用毫秒延期起爆网路。在每个爆区内，每个炮孔使用1发15段非电导爆管雷管，将每个柱、墩或者梁上不超过20发导爆管簇连为1个集束，每个集束由2发3段导爆管雷管交叉复式连接并入主网路。

（2）爆破网路。

1）起爆器材的选择。起爆器材选择MS-3、MS-15毫秒延期导爆管雷管和瞬发电雷管。

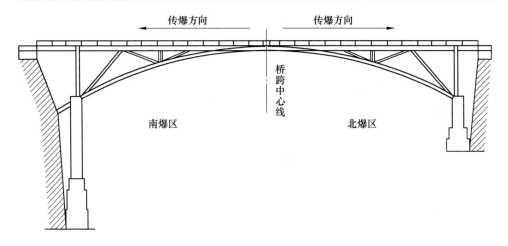

图 6-26 起爆顺序示意图

2）爆破网路示意图见图 6-27。

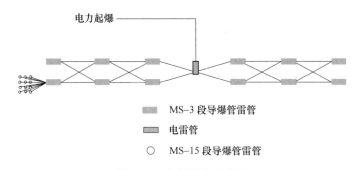

图 6-27 起爆网路示意图

6.2.5 爆破器材用量表

本次爆破所需爆破器材见表 6-10。

表 6-10 爆破器材用量表

材料名称	散装膨化硝铵	乳化炸药 φ32 mm	雷　管			
			电雷管	塑料导爆雷管		
				3 段	15 段	1 段
单位	千克	千克	发	发	发	发
数量	207	404.6	20	150	689	50

6.2.6 机械拆除设计

（1）桥面铺装层拆除：由桥梁需机械拆除部分的一端向引桥方向进行。用撬棍、风镐等工具凿除。人工用风镐、钻凿工具和撬棍等工具,将基层砼凿除。风镐作业时限制风镐同时使用数量,避免产生共振,对桥梁整体稳定产生的影响。

（2）简支结构、桥梁拆除:采用超长臂拆楼机置于桥下,用液压剪对简支结构及桥梁进行分段剪切拆除。

6.2.7　爆破效果

具体爆破效果见图6-28。

图 6-28　爆破效果图

6.3　贵州毕节归化公路危桥分体柔性坍塌爆破拆除工程

6.3.1　工程概况

毕节归化大桥位于贵州省毕节市归化村境内，系贵毕高等级公路上的重要公路桥梁，1994 年建成通车。由于在桥梁施工阶段监督机制不健全，质量没有得到有效保证，埋下了严重的隐患，且在设计时没有考虑到随着经济的快速发展该桥出现车流量大、车辆荷载超限等情况，致使该桥不到服务年限就已成危桥。桥的拱顶部位出现明显变形移位，下沉 11cm，边孔梁、桁片已有多处裂缝，桁片斜杆内裂缝用黄泥充填，经过多年雨水冲刷，预应力锚索钢筋已有多处暴露并已锈蚀。业主多次组织桥梁专家现场勘测分析论断，认为该桥加固成本很高，价值不大，拟对该桥拆除后在原址上修建新桥。考虑到该桥位于主干道上，承担的车辆、行人通行量大，必须尽快拆除以便重建新桥（该桥封闭禁止通行后，所有车辆、行人改行临时道路，路程多增加 10 公里，且要经过峡谷地段，坡陡弯急，时有交通事故发生），如果用人工或机械拆除本已是存在危险的拱桥，难度很大，危险性高，既保证不了工期，又难以保证施工安全，因此业主决定采用控制爆破技术拆除归化公路危桥。对施工提出几点要求：一是保证周围建筑物和高压线路的安全；二是从在原址上修建新桥的方案出发，必须保护好桥台和桥墩、拱座基础，不能对其造成任何破坏、变形、移位，同时要保护好边坡的稳定性。爆体形状如图 6-29 所示。

（1）周围环境。该桥下方有一条季节河流，不通航，不存在爆破施工阻塞河道通航的问题，桥面至河底约 70m。桥下两岸为荒坡，不存在占用和毁坏耕地问题（从环保方面考虑，爆破后需要清除爆渣），桥东岸（大方县方向）南侧有一民宅距桥台 15m，西岸（毕节市方向）南侧亦有一民宅相距桥台 24m，北面 40～60m 处有一组东西走向的高压线，如图 6-30 所示。

图 6-29 拟爆破的桥体全景

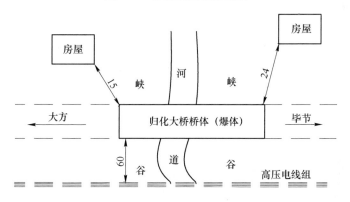

图 6-30 爆区四邻环境示意图（单位：m）

（2）结构特点。归化大桥为大跨度预应力钢筋混凝土桁式组合拱桥，除了桥墩、拱座立柱、桥台是现浇钢筋混凝土结构外，其余部分为预制吊装而成。主跨 120m，计算矢高 20m，矢跨比 1/6，下弦拱轴线为二次抛物线，两岸边孔分别为 10m + 12m 连续刚构和 12m 门式刚构，桥梁全长 164m，桥净宽为 12.5m。桥梁上、下弦为箱形截面边箱加顶、底板组成三箱单室截面，顶、底板均采用预制加腋板，厚度 12 ~ 14cm。该桥面桁片中距 6.04m，人行道和部分行车道布置于牛腿上，牛腿长 2.83m。

1）桥台基础、拱座、桥墩结构。大方岸：桥台基础总高 4.8m，总宽 6.8m，总长 6.94m，分上、下两部分，下半部高 1.8m，宽 3.5m，长 6.94m；上半部高 3m，宽 6m，长 6.94m，有两个空腔，每个空腔的体积为 4.8m × 2.37m × 1.7m。拱座为 7.04m × 3m × 2.875m。桥墩为 5.24m × 1.6m × 2m，埋深 2m。

毕节岸：桥台基础总高 4.3m，总宽 6.8m，总长 6.94m，分上、下两部分，下半部高 1.8m，宽 3.5m，长 6.94m；上半部高 2.5m，宽 6m，长 6.94m，有两个空腔，每个空腔的体积为4.8m×2.37m×1.7m。拱座为7.04m×3m×2.875m。桥墩为5.24m×1.6m×2m，埋深2m。

2）桥墩立柱。立柱断面为1000mm×800mm，高3.67m，双层布筋，壁厚均为200mm，1.35m以上为空腹段，空腹腹腔断面为600mm×400mm。只有大方岸有桥墩立柱。

3）拱座立柱。拱座立柱，高18.545m，断面为1400mm×800mm，双层布筋，壁厚均为200mm；拱座立柱为空腹，空腹腹腔断面为800mm×400mm。每一岸的两拱座立柱在离基面4m、12m处有连系梁连接，梁断面为800mm×400mm，立柱与连系梁的连接部位为实心段。

4）边孔刚构梁。边孔刚构梁断面为800mm×980mm，除与桥台、拱座立柱、桥墩立柱交叉处为实腹外其余为空腹，腹腔断面为580mm×560mm。两侧边壁厚120mm，单层布筋；上边壁厚220mm，双层布筋；下边壁厚180mm，双层布筋。大方岸梁长9m+14m，其中空腹段长8.15m+10.35m，实腹段长1.1m+3.1m。毕节岸梁长13m，其中空腹段长9.9m，实腹段长3.1m。与桁片下弦的连接主要依靠桁片斜杆内的预应力锚索钢筋与边孔刚结构梁内的预应力锚索钢筋采用企口式连接。

5）主孔脚段上弦桁片。主孔脚段上弦桁片断面800mm×940mm，除与边孔刚构梁、斜杆、竖杆接头处为实体外其余为空腹，其中与边孔刚构梁相连。端（拱顶）有3.2m为实体段，上、下壁厚与两侧壁厚均为0.4m，双层布筋。正常空腹段断面为0.56m×0.58m，壁厚0.12m，上下双层布筋，两侧单层布筋。与边孔刚构梁的连接方式为企口式并用预应力钢筋张拉。

6）主孔脚段下弦桁片。主孔脚段下弦桁片断面为800mm×1200mm，除与拱座、斜杆、竖杆接头处为实体外其余为空腹，壁厚均为120mm，单层布筋；与拱座的连接方式为嵌入式并用预埋钢板焊接。

7）主孔五段桁片（含合拢段）。与四段桁片连接处断面为800mm×2396mm，空腹梁，空腔最大断面为540mm×2026mm；与合拢段相连处断面为800mm×1440mm，空腔断面为320mm×920mm，上壁厚为0.34m，三层布筋，下壁厚为0.18m，双层布筋，两侧壁厚为0.24m，双层布筋。合拢段为现浇钢筋混凝土，断面为800mm×1440mm，长0.5m。

桁片上弦（含顶、底板）共有冷拉Ⅳ级预应力$\phi32$钢筋40根，总有效预拉力为850~900t。上弦预应力筋分别锚固在两岸桥台的尾部，桁片的斜杆亦为预应力混凝土构件，预应力筋规格与上弦相同。上弦及斜杆均设计为后张有黏结预应力混凝土构件，但在施工中均未向预留孔道内灌注水泥砂浆，所以实际上上弦和斜杆均成为无黏结预应力筋，全部预应力都集中作用在锚下，两岸拱座均承受桁片下弦的轴向压力约2200t。

6.3.2 爆破技术要求

（1）由于要在原址上修建新桥，要求在拆除过程中，不能对两端桥台、桥墩、拱座基础造成损坏，不能让其变形和移位，因此既要控制爆破影响范围，又要控制爆破振动危害，还要预防桥体解体时构件在坠落过程中对保留部分造成冲击破坏。

（2）该处边坡岩石为片石，稳定性较差，为了给新桥修建创造一个好的安全施工环境，要求爆破工作不能影响附近山体边坡的稳定性。

（3）严格控制爆破有害效应对民宅及输电线路的影响。

（4）爆破体本身已是危桥，爆破施工准备阶段所产生的振动和荷载要进行有效的控制。

（5）施工期间要注重环境保护，爆破完毕后所有的爆渣必须彻底清除。

6.3.3 爆破方案

根据桥体的结构特点和对工程的技术要求，首先应保证保留体和周围建筑物安全的前提下使桥体在爆破瞬间失稳，依靠自重坠落。其次是解体要充分，利于后续清渣工作。经分析爆破桥体为预应力钢筋混凝土桁式组合结构，构件大多为壁薄箱形结构。采用单纯的钻孔或多点水耦合爆破方案不能完全达到爆破要求，如果完全采用聚能线切割爆破方案，会增加成本。经过科学论证，从安全、经济、施工速度以及爆破科学性等方面综合考虑：采用聚能线性切割爆破、多点水耦合爆破和钻孔爆破相结合的总体爆破方案能够实现桥体柔性坍塌，即采用聚能线切割爆破技术首先将主拱上的所有预应力锚索钢筋和主孔脚段下弦桁片钢筋同时切断，避免主拱坍塌时产生的巨大拉力作用于桥体基础；对桥墩上的支撑立柱、拱座立柱、边孔刚构梁空腹体采用多点水耦合爆破技术，从注水深度来控制水耦合药包破坏范围，根据桥体坍塌的技术要求、所需的切口位置、高度，布置水耦合药包群；采用钻孔爆破技术破坏拱顶和临近桥台的两边孔刚构梁间的实体结构。在聚能线性切割爆破、多点水耦合爆破和钻孔爆破相结合的综合爆破技术作用下，边孔刚构梁、拱座和桥墩立柱完全解体，混凝土破碎脱笼，桥体在失稳状态下塌落。

（1）为保护拱座基础不受破坏，用聚能线切割药包对主孔脚段下弦桁片的钢筋和混凝土完全切断，切断位置离拱座基础 0.7m；为了保护桥台基础，对边孔空腹刚构梁内的冷拉 IV 级预应力 $\phi 32$ 钢筋实施聚能线切割爆破，两边孔刚构梁间实体段实施钻孔预裂爆破，切割和预裂位置离桥台基础端头 1m。

（2）对拱座立柱采用多点水耦合爆破，由于拱座立柱为空腹，为保护拱座，立柱底部不装水，用水泥砂浆进行充填，高度距拱座面 1.35m；桥墩立柱 1.35m

以上为空腹段，采用多点水耦合爆破。

（3）对拱座立柱与桥面连接点至桥台间的边孔空腹刚构梁段采用多点水耦合爆破。

（4）对拱顶3.2m长的实腹段和拱座立柱与桥面连接点的实体段采用钻孔爆破。

各区域采取的爆破技术如图6-31所示。

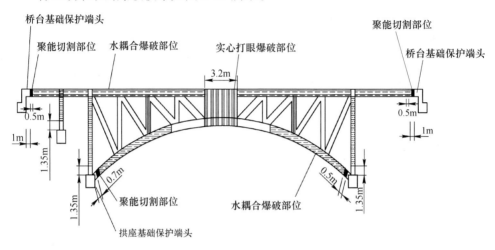

图6-31　桥体各区域采用的爆破方案示意图

6.3.4　施工预处理

（1）对相距两端桥台1m处的边孔刚构梁上下两面进行预处理，形成切割缝，缝宽0.5m，深度以露出所有纵向钢筋为准。

（2）对主孔脚下弦桁片离拱座基础0.7m的四面进行预处理，形成切割缝，缝宽0.5m，深度以露出所有纵向钢筋为准。

（3）在桥墩和拱座立柱设计高度开凿小孔。目的：一是灌浆；二是注水；三是便于安放药包。

（4）在边孔刚构梁多点水耦合爆破区域面上设计位置开凿小孔，目的：一是注水；二是安放药包。

6.3.5　聚能线切割爆破试验

从对拱座立柱表面混凝土剔除情况来看，基座钢筋与立柱钢筋的绑扎连接处在离基面1.8m处，只要在该处安放多点水耦合药包完全能使钢筋彻底脱笼从而使柱与基座彻底分离，达到保护基座目的。而主孔脚下弦桁片钢筋伸入基座50cm，斜杆预应力钢筋是预埋在两岸桥台尾部的，要保护桥台和拱座基础不被拉坏、变形、移位，就必须在爆破瞬间切断与之相连的钢筋，同时击碎一定厚度的混凝土，要达到此目的，采用聚能线切割爆破技术无疑是一种最好的选择，但是目前国内外同样类型桥梁爆破拆除的工程实例不多，因此针对本工程采用聚能爆破的大量技术数据必须经过相关试验确定。

（1）试验1：下弦桁片主爆孔钢筋为 $\phi 24mm$，在某建筑拆除工地取一节60cm长横梁，横梁断面30cm×50cm，横梁顶面有 $\phi 24mm$ 钢筋5根，把横梁置于凹形地面上并把顶面钢筋剔露出来，采用黑索金和长条形紫铜聚能罩，聚能罩顶角取80°，线装药量为30g/cm，长度为30cm。聚能药包放置方式见图6-32。

图6-32　聚能药包放置方式

试验结果：5根钢筋完全被切断，混凝土被击碎35cm厚，见图6-33。

图6-33　钢筋被切断

（2）试验2：取与试验1中的标准相等的横梁，横梁的放置方式（见图6-34）和聚能药包的各种参数不变，不剔除表面混凝土进行聚能切割爆破。

试验结果：钢筋被炸弯但没有被切断，混凝土被击碎27cm厚，见图6-35。

图 6-34　聚能药包放置在试验横梁上面

图 6-35　试验效果

（3）试验3：从施工现场取一直径为32mm、长80cm的预应力锚索钢筋（见图6-36），聚能罩的形状和所用炸药与试验1同样，但线装药量为40g/cm。在试验钢筋上安放聚能药包见图6-37。试验用钢筋被聚能药包切断见图6-38。

图 6-36　测量试验用钢筋的直径

图 6-37　在试验钢筋上安放聚能药包

图 6-38　试验用钢筋被聚能药包切断

试验结果：φ32mm 钢筋被完全切断，切断的两端头各插入土层 30cm，见图 6-39。

图 6-39　被切断钢筋的断面情况

从试验结果分析，为了确保聚能药包的爆破效果，在具体施工时应采取下列措施：

（1）所要进行聚能切割爆破的点必须要把钢筋剔露出来。

（2）聚能切割爆破不但能切断钢筋，还能击碎一定厚度的混凝土，根据试验结果因主孔脚下弦桁片的左右壁较薄，其实际线装药量要比试验时的装药量小，而上下壁为双层钢筋，由于内层钢筋受条件限制不能安放聚能药包，因此上下壁聚能药包线装药量要在试验1的基础上适当加大，预应力锚索钢筋聚能切割线装药量与试验3相同。

（3）此次聚能线切割爆破所选用炸药为黑索金、聚能罩形状为长条形紫铜聚能罩。

6.3.6 爆破参数设计

（1）聚能线切割爆破设计。根据试验，选用长条形紫铜聚能罩，聚能罩顶角取40°，其聚能罩的设计如图6-40所示。炸药选用黑索金，装置高度取40mm，

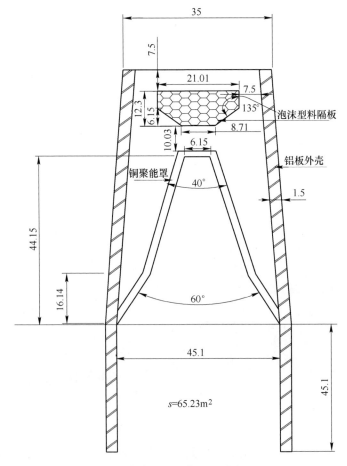

图6-40 聚能罩的设计图（单位：cm）

切断预应力锚索钢筋的聚能药包的线装药量为 40g/cm，本次爆破使用线装药密度为 40g/cm 的聚能药包 20 个（即单边孔梁底部 3 个聚能药包，负责切断 6 根预应力锚索钢筋；顶部 2 个聚能药包，负责切断 4 根预应力锚索钢筋；4 根边孔梁共计用聚能药包 20 个），共使用炸药 25.6kg；主孔脚下弦桁片左右壁的线装药量为 25g/cm。本次爆破用线装药密度为 25g/cm 的聚能药包 32 个（即主孔脚下弦桁片左右壁各安放 4 个，每个聚能药包长 30cm，装药量为 750g），共使用炸药 24kg；上下壁的线装药量为 35g/cm，本次爆破使用线装药密度为 35g/cm 的聚能药包 16 个（主孔脚下弦桁片上下壁各安放聚能药包 2 个，每个聚能药包长 40cm，装药量为 1400g），共使用炸药 22.2kg。

（2）多点水耦合爆破设计（为了提高药包的准爆率，每个水耦合药包内放 2 发非电雷管）。由于桥墩、拱座立柱和边孔刚构梁壁为空腹段薄壁结构，钻孔困难，且爆破效果不佳。桥梁空腹段适合装水充实，因此采用多点水耦合爆破技术是最佳选择。多点水耦合爆破技术既可以节约成本、提高工效，爆破瞬间产生的雾化水还能吸附爆破粉尘，实现了环境保护。分析结构物的壁厚、容积、截面、强度和要求破碎的程度，根据经验公式 $Q_1 = K_1 (K_2\delta)^{1.6} R^{1.4}$ 和公式 $Q_2 = K\sigma_e\delta V^{2/3}$ 及国内多点水耦合爆破工程的类比，其药量计算和药包布置如下：

1）桥墩立柱空腹结构：壁厚 200mm，注水高度 0.97m，根据公式计算单柱装药量 $Q_1 = 0.179$kg，$Q_2 = 0.182$kg，实际取 $Q = 0.2$kg，药包放在水的中部，距水面 0.5m，两根桥墩立柱共使用炸药 0.4kg，用非电雷管 4 发。

2）拱座立柱空腹结构：拱座立柱底部与拱座连接处是空腹结构，为保护拱座爆破时不受损坏，立柱底部采用水泥砂浆充填，充填高度距拱座面 1.35m，然后再装水，高度为 16.645m，立柱壁厚长边 200mm，短边 300mm。根据公式计算并结合经验取单层装药量为 0.3kg，层间距 0.5m，分 31 层，单柱装药量 9.3kg，4 根拱座立柱合计用多点水耦合药包 124 个，合计装药量 37.2kg，用非电雷管 248 发。

3）边孔刚构梁空腹结构（总长 55.8m）：单个药包重量 0.1kg，药间距 0.6m，共 82 个药包，合计装药 8.2kg，用非电雷管 164 发。

（3）钻孔爆破设计。

1）主孔脚段上弦桁片与边孔刚构梁连接处为实腹结构，长 3.2m，总高度 1.6m，桥宽 6.84m，布设 1 排孔，孔深 1.25m，孔距 0.4m，考虑到药量分散系数，单耗取 1000g/m³，单孔装药量为 256g，实取 260g，分 3 层装药，药间距 0.4m，底、中部单药包 90g，顶部单药包 80g，共布孔 48 个。

2）两桥台附近安放聚能药包。断面两边孔刚构梁间实腹结构：厚度 0.8m，宽度 4.88m，只布 1 排孔，为了有效保护桥台基础，采用多打孔、少装药的方法。取孔距 0.25m，孔深 0.55m，双层装药，药间距 0.25m，单耗取 1000g/m³，单药包重 50g，单边布孔 20 个，共布孔 40 个，共使用炸药 4kg。

本次爆破用线装药密度为 40g/cm 的聚能药包 20 个，用黑索金 25.6kg；用线装药密度为 35g/cm 的聚能药包 16 个，用黑索金 22.2kg；用线装药密度为 25g/cm 的聚能药包 32 个，用黑索金 24kg。多点水耦合药包 208 个，用炸药 45.6kg。钻孔 88 个，使用炸药 16.48kg。本工程共用炸药 133.88kg（含黑索金 72.2kg），用非电毫秒延期雷管 640 发，用电雷管 2 发，用导爆索 448m。

6.3.7　爆破网路设计

多点水耦合爆破药包和主孔脚段上弦桁片与边孔刚构梁连接处实体段钻孔爆破，孔内都选用 11 段非电毫秒延期导爆管雷管，聚能药包的起爆能源选用导爆索，邻近桥台的预裂爆破孔内选用 1 段非电毫秒延期导爆管雷管，主爆网路全部选用导爆索交叉复式连接起爆，起爆顺序：聚能爆破区域和预裂爆破区域同时先起爆，多点水耦合爆破区域和拱顶钻孔爆破区域共同延迟于前两者，最后起爆。

6.3.8　工程实施

（1）用手锤、凿子把需要采用聚能线性切割爆破的钢筋剔露出来，暴露长度为 25cm，以利于安放聚能线性切割药包。

（2）用手锤、凿子、风镐在设计位置开凿水耦合药包投放孔，孔口尺寸为 15cm×15cm。水耦合药包采用乳化炸药，根据试验，乳化炸药在水中浸泡 72h 后发现药包表面变成乳白色，并有少量化开，但爆破性能基本不变。因此，在装药前对炸药不作防水处理，仅对雷管用黄油在紧口处作防水处理。已加工好的药包放在小塑料袋内（为能使药包准确安放在设计位置，在塑料袋中放入适量小石子以增加重量），孔口拉上细铁丝以固定导爆管。

采用两级水泵从桥下河里抽取施工用水，由于需采用水耦合爆破部位的构件浇注质量较差，渗水严重，水耦合药包要提前放入，起爆网路事先连接好，在起爆前 20min 完成注水。

6.3.9　安全防护

（1）为避免桥体塌落时个别构件直接冲击桥墩和拱座基础，铺设缓冲消能层和应力分散层，方法是沿立柱周围铺厚 1.5m 的缓冲消能层，宽度至基础边缘 1m，在距基础面 0.5m 处铺设一层 6mm 钢板作为应力分散层，如图 6-41 所示。

（2）两端桥台离民房较近，且有聚能爆破，在面上用砂袋堆砌防护（含钻孔爆破），堆宽 1.5m，长为桥宽，高度 1.4m，两侧用 4 层胶皮网悬挂防护，同时为防止爆破飞石、空气冲击波对附近的民宅造成危害，用钢管搭设排架，并在排架上悬挂棕垫和胶皮网，形成阻波墙，见图 6-42。

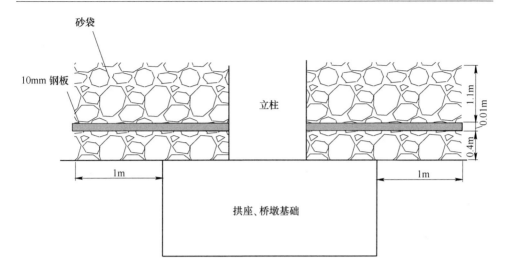

图 6-41 拱座、桥墩基础防护示意图

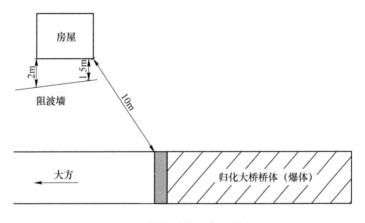

图 6-42 阻波墙搭设位置示意图

（3）对边孔刚构梁多点水耦合爆破区域全部采用 3 层胶皮网覆盖防护。

6.3.10 爆破效果

2003 年 12 月 26 日上午 8 点整，随着指挥长的起爆指令，离桥台 1m 的切割位置的聚能爆破、钻孔爆破和下弦桁片切割位置的聚能药包首先起爆，同时聚能切割爆破点冒出金属射流火花，桥台附近切割点上的防护沙袋在爆破能量作用下抛射，随后桥墩、拱座立柱、边孔梁及拱顶起爆，有部分防护胶皮网爆破冲击飞掷，水耦合爆破产生的高速、高能水雾迅速对爆破粉尘进行吸附、沉淀，桥的中部开始下沉，在爆后 7s，下坠的速度越来越快，具有很大势能的桥体在冲击触地瞬间完全解体，整个坍塌过程 13s。具体爆破效果见图 6-43 ~ 图 6-47。

图 6-43　起爆瞬间

图 6-44　聚能药包出现金属射流火光

图 6-45　桥体爆破

　　爆破后 15min，工程技术人员进入爆破现场进行检查，桥体坍塌完全，解体充分，预应力锚索钢筋和下弦桁片切断整齐，有少量桥梁构件冲击到桥墩和拱座立柱处的防护砂袋上，冲击深度 0.9m，但未对桥墩基础和拱座造成损坏，山体边坡稳定，周围建筑物、电线未受任何破坏。

图 6-46　桥体坍塌

图 6-47　桥台钢筋被聚能药包切断情况

6.3.11　总结

　　这次拆除工程的重点：一是首先在保证周围建筑物和人员安全的前提下让桥体按设计意图完全坍塌。因为一旦坍塌不完全，将留下严重的安全隐患，给后续的工作带来很大的难度，只要在设计和施工时认真遵循爆破失稳原理、缓冲原理、微分原理、防护原理，采用可行的爆破网路连接技术，科学组织，安全施工，是完全能够保证桥体按设计要求坍塌的。二是对拱座基础、桥墩基础、桥台的保护。由于要在原址位置修建新桥，业主要利用原来的拱座基础、桥墩基础、桥台以节省施工成本，采用普通的钻孔爆破技术显然是不行的。要采用其他合理的爆破技术就必须解决相应的技术难题，聚能线性切割爆破技术无疑是一种很好的实用技术，但在本工程中存在一定的局限性，如边孔梁内的预应力锚索钢筋直径很大，要想在爆破瞬间完全切断，最好的方法就是采用聚能线性切割爆破技术，而桥墩立柱和拱座立柱，内外两层钢筋直径很大，聚能药包能切断外层钢筋，但不一定能切断内层钢筋，可以采用多点水耦合药包爆破技术，能够实现混凝土完全脱笼。但是在国内、外采用聚能切割爆破和多点水耦合爆破处理钢筋混凝土桥梁的实例并不多，因此必须要经多次试验确定大量的技术数据以确保爆破参数设计的准确性。三是保证山体边坡的稳定，重点是保护从拱座至桥台段边坡的稳定。爆破实施阶段采用聚能线性切割爆破、多点水耦合爆破和钻孔爆破相结合的综合爆破技术，所产生的爆破振动和空气冲击波对边坡造成的危害很小，主要是预防桥台塌落时对边坡造成的猛烈冲击破坏，在桥墩立柱和拱座立柱预留一定高度不爆破，并用砂袋堆砌一定的保护高度，既保证了桥台基础不受破坏，又能让桥体构件在坠落时减缓对边坡的冲击，达到一定的保护目的。

（1）从爆后结果分析：桥体坍塌完全，解体充分，钢筋切割整齐，对桥台和拱座、桥墩基础没有造成破坏，所采用的爆破方案对预应力钢筋混凝土桁式组合拱桥的拆除是可行的，可以用于其他类似结构物的爆破拆除。但要重视聚能切割爆破点产生的金属射流火光的危害以免造成火灾安全事故。

（2）对拱座和桥墩基础采用的防护措施到位，爆后有少量桥梁构件冲击到砂袋上，冲击深度为 0.9m，未对桥墩基础和拱座造成冲击破坏，同时有利于边坡保护。

（3）聚能线装药设计是一个包含多个参数的工程研究课题，有待进一步完善理论方面的研究，以便更好地指导工程实践。

7 水压爆破拆除实例

7.1 贵阳市外环东路和筑东路华宫巷大板楼房水压爆破拆除工程

7.1.1 工程背景

位于贵阳市外环东路 A、B、C 三栋 6～7 层的大板房和位于筑东路华宫巷 D、E、F、G 四栋 6 层的大板房始建于 1978 年，由于这种楼房简易、防寒、抗暑性能差，经过 20 年的使用，房屋已出现开裂等危险情况。经有关部门鉴定为危房，为保障人民群众的生命和财产安全，贵阳市政府决定将 7 栋面积为 19000m² 的大板危房用最短的时间全部拆除。

由于这几栋楼房经过 20 年的使用，局部出现裂缝并在焊接拼装处已有部分钢筋裸露炭化等不安全因素，已经危及房屋的整体结构。鉴于此种特殊情况和拆除工期的要求，如采用人工方法进行拆除，安全性得不到保证，因此贵阳市政府决定采用爆破方法拆除。

7.1.2 工程概况

位于外环城东路的 A、B、C 三栋 6～7 层大板房的四邻情况如下：B 栋东面距 1.9m 处有一电杆；A、B、C 栋东 4m 有 4 根电杆和一组南北走向的高压电线，距 8.2m 有一系列的临时建筑，距 15.5m 有 3 栋 5 层的砖混建筑物；南面距 9.0m 有一厕所和临时建筑物，距 11.0m 有一层砖结构煤气调压站；西面距 3.0m 是花池，距 5.4m 和 7.6m 处分别有两根电杆，距 8.6m 有一组南北走向的高压电线，并有电杆 5 根，12.7m 处为外环城东路人行道；西北距 6.3m 有一台由两电杆支撑的变压器；北面紧邻一临时房，距 2.5m 是 2 层砖混结构厕所，如图 7-1 所示。

A、B、C 三栋为 C20 混凝土大板结构，每栋 4 个单元，长 40m，宽 8.0m，阳台外伸 0.9m，层高为 2.8m，其中 A、B 两栋为 6 层，高度 16.8m；C 栋为 4 个单元，其中北面 2 个单元为 6 层，高度 16.8m，南面 2 个单元为 7 层，高度为 19.6m。A、B、C 三栋总建筑面积为 7900m²。

筑东路华宫巷 D、E、F、G 栋大板房的四邻情况如下：华宫巷南北向贯穿在楼群中间，其中华宫巷东面为 E 栋和 G 栋，E、G 栋相距 16.7m，华宫巷西面为 D 栋和 F 栋，D、F 栋相距 12.4m，华宫巷宽度为 7.0m，D、F 栋北面距筑东路

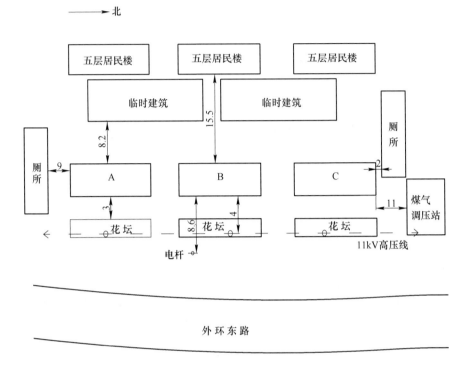

图 7-1　A、B、C 三栋楼房周边环境图（单位：m）

2～8m，在 4.7m 处有一变压器，距邮电宾馆后门和五层客房 9.9m，距煤场围墙 9.9m；E 栋东面距 2 层民房最近距离 1.7m，距堡坎 1.7m，此点堡坎高 3.0m，堡坎上有临时房；G 栋东面紧邻有 2 层临时砖房；F、G 栋南面紧邻一系列临时建筑、距 15.0m 处有两栋 5～6 层住宅楼；D 栋西面紧邻 2 层砖房，距厕所 3.5m；F 栋距东山办事处 7 层钢筋混凝土住宅楼 6m，相邻 3.0m 有一砖房，距 10.3m 有砖混 9 层住宅。筑东路华宫巷大板楼群的周围环境见图 7-2。

　　D、E、F、G 楼为 C20 混凝土大板房结构，其中 D、F、G 栋为 6 层，有 4 个单元，长 46m，宽 10.0m，高 16.8m；E 栋为 6 层，有 5 个单元，长 57.7m，宽 10.0m，高 16.8m。楼房层高均为 2.8m，4 栋房屋的总建筑面积为 11000m^2。

7.1.3　建筑结构特点

　　根据现场勘查分析待拆除的 7 栋楼房结构相同，墙体均采用厚度 150mm、中空内径 100mm、砼强度为 200 号的预制空心大板，板与板之间采用焊接拼装，再用混凝土灌缝连成一体。每块大板周边只有两根 ϕ8mm 的主筋，ϕ5 筋间距为 300mm 的箍筋，四个角上用 ϕ14mm 钢筋焊接；预留门窗洞周边有两道 ϕ8mm、ϕ5mm 的钢筋。楼面板和屋面板均为预制混凝土板，楼梯为混凝土预制结构，与

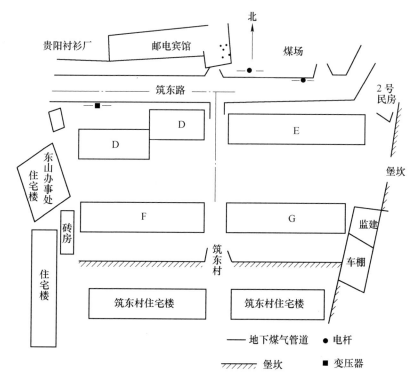

图7-2 D、E、F、G大板房周围环境示意图（单位：m）

楼道侧墙无连接。

7.1.4 工程主要特点

本次爆破拆除工程有如下几个特点：

（1）爆体为中空大板焊接拼装而成，不能用一般的钻眼爆破方法拆除。

（2）爆体位于市区，必须注重环境保护，不仅仅要对飞石、噪声、爆破振动、空气冲击波的危害进行控制，还要有效控制爆破时产生的粉尘污染。

（3）爆体周围需保护的构筑物、建筑物较多，距离很近，安全问题相当重要。

（4）爆破拆除体面积大，工期短，任务重。

（5）爆区毗邻贵阳主干道，因此爆后不能对交通造成影响。

7.1.5 爆破方案选择

（1）倒塌方案。根据大板楼群的周围环境，确定外环城东路A、B、C三栋楼房采用原地倒塌方案，在一层、二层布置爆破缺口，B栋采用内合式原地坍塌，A、C栋采用侧合式原地坍塌方案，由B栋中间分别向南北方向顺序递进坍塌，以确保A栋北侧变压器和C栋南侧煤气调压站的安全。

筑东路华宫巷大板楼群周围环境更为复杂，距离需保护的建筑物更近，保护的难度更大。为保证这些建筑物和设施的安全，决定采用定向倒塌方案，利用楼群中的空地，将各楼房向中心顺序倒塌，即 D、E 栋向南定向倒塌，F、G 栋向北定向倒塌，各楼由华宫巷向东西顺序倒塌。

实施倒塌方案的技术措施是合理布置缺口高度和采用毫秒延期起爆网路。

（2）大板的多点水耦合爆破破碎技术。大板楼房的结构是由预制空心大板拼装而成，壁厚不到 250mm，无法采用一般钻孔控制爆破技术。决定在空心部位注水，实现微型水耦合爆破破坏大板，采用浅孔爆破破坏板与板交接部位的节点，由此形成爆破缺口，使大板楼房按设计要求倒塌。

大板的空心部位是直径为 100mm 的柱状空间，首先采用圆形容器状建筑物水压爆破的冲量准则公式进行药量计算。

$$Q = K\delta^{1.6}R^{1.4} \tag{7-1}$$

式中　　Q——水压爆破装药量，kg；

　　　　R——圆形容器内半径，m，本工程中中空大板内直径 $\phi = 0.1$m，则 $R = 0.05$m；

　　　　δ——壁厚，m，本工程中中空大板壁厚 $\delta = 25$mm；

　　　　K——装药系数，选取 $K = 10$。

则 $Q \approx 0.4$g。

理论计算结果需要结合实际工程的现场试验验证。为了确定水深、装药量和破碎效果、碎块飞散距离之间的关系，利用在大板楼房上拆下的大板进行了试验，并对楼房内的大板进行试爆。试验采用在大板的空心部位（内径 $\phi 100$mm，最小壁厚 250mm）隔孔注水装药的药包布置方法（见图 7-3）。试验结果如下。

1）试验 1：从 B 栋的一层取一大板墙体并运到涟江化工厂试验场作爆破试验。试验大板的装水和药包布置情况见图 7-3。隔孔注水，水深 60cm，分层装

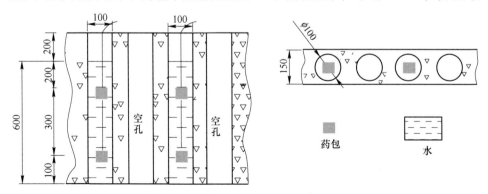

图 7-3　隔孔注水、分层药包试验示意图（单位：mm）

药，层间距 30cm，底层药包至孔底 10cm，上层药包至水面 20cm，装药量 25g（含药卷包装纸）。

试验效果：爆后大板全部破碎，在未防护的情况下最远飞石距离 20m，最大块度尺寸 18cm。

2）试验 2：通过试验 1 可知采用微型水压爆破技术爆破破坏本爆破工程的空心大板墙体是可行的，但要保证单药包的装药量和药包布置方式的合理性必须经相关试验确定。在 A 栋一层取一空心大板墙体在涟江化工厂的试验场作爆破模拟试验，试验大板的装水和药包布置情况见图 7-4。隔孔注水，单孔注水深度为 50cm，在离水面深度 25cm 处放置一个试验药包，单个药包重 20g。

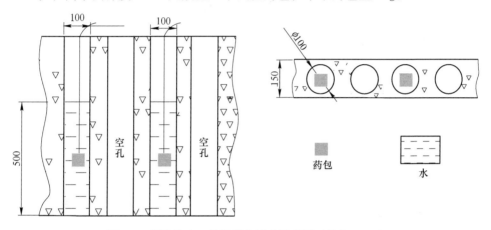

图 7-4 隔孔注水、单层药包试验示意图（单位：mm）

试验效果：大板全部破碎，在未防护的情况下最远飞石距离 18m。

3）试验 3：在 C 栋一层取一空心大板墙体作爆破试验，试验目的是了解隔孔注水、单药包重为 20g 的情况下大板的破坏范围有多大，以确定设计爆破切口的注水深度，见图 7-5。水深 120cm，在离水面深度为 60cm 处装药 20g。

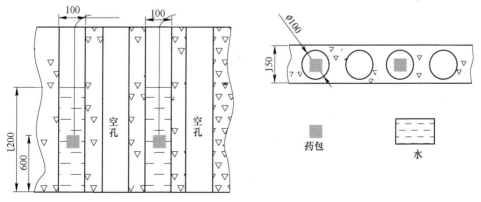

图 7-5 现场隔孔注水、单层药包试验示意图（单位：mm）

试验效果：破坏高度为 1.05m，宽度为 0.75m，大块最大尺寸 40cm。

4）试验 4：考虑到一层的爆破切口高度为 1.5～1.7m，在 C 栋一层取一空心大板墙体作爆破试验，试验大板的装水和药包布置情况见图 7-6。注水高度 1.5m，分两层装药，每个药包重 15g，上层药包距水面 60cm，药包层距 50cm。

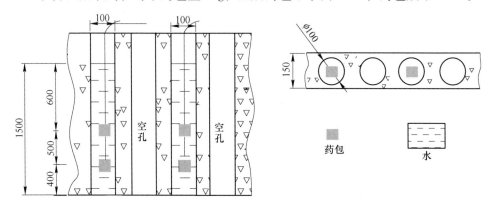

图 7-6　现场隔孔注水、双层药包试验示意图（单位：mm）

试验效果：爆后大板注水部位的混凝土全部破碎飞出，而未注水部位混凝土未曾破坏。

根据试验结果，对于有条件注水的空心大板结构，采用微型水耦合药包完全可以形成设计的爆破切口，具体措施为：

1）根据注水深度、单孔的药包个数来控制爆破切口高度。

2）水深（破坏高度）小于 1m 时放置一个药包，水深在 1m 以上（含 1m）时放置两个药包，上层药包距水面距离大于下层药包距水底的距离。

3）在有防护的情况下，一层的单个药包重取 20g，二楼取 15g。

（3）炸药性能检测。药包均采用 2 号岩石乳化炸药加工而成，根据 2 号岩石乳化炸药的特性，在水中裸放 24h 后仍能正常起爆且不影响爆破效果，而本工程一次使用药包的数量较多，要充分考虑放置药包、联网、检查所需的时间，药包在水中的最长时间为 48h，因此需作药包性能检测。

试验：取为本工程订购的 φ32mm 乳化炸药 200g，其药卷密度为 1.2g/cm³，在水中裸放 48h，然后取出。

外观检查：表面变白，变稀。

性能检测：把药卷送到生产厂家检测；猛度：15mm（一般 ≥14mm）；爆速：4248m/s（一般为 4300m/s）；爆力：245mL（一般 ≥260mL）。

结论：从性能检测看，爆速、爆力与正常相比虽略有下降，但幅度不大，能满足本次特殊条件下的使用要求。

7.1.6 爆破设计

（1）缺口布置。外环城东路大板楼采用原地倒塌爆破方案，一楼所有的大板均布置药包进行粉碎性的破坏。水耦合爆破破坏高度的总体原则为：四周外墙较低，并充分利用门窗的空间来形成缺口，爆破切口高度为 0.6m，布设 1 层药包；由于中隔墙较高，爆破切口高度为 1.5m，布设 2 层药包。二楼的爆破切口高度为 0.6m，布设 1 层药包。同时从安全角度考虑，二楼四周外墙不破坏，中隔墙中间破坏高度大，靠外侧破坏高度相对较小。考虑 A 楼北侧和 C 楼南侧分别有变压器和调压站需要保护，一楼外墙破坏高度取 0.3m，二楼邻近这两侧的单元中隔墙不能破坏。

筑东路华宫巷大板楼群采用定向倒塌方案，一楼布置梯形切口，朝向倒塌方向 7m 宽的切口高度取 1.5m，布设 2 层炮孔，之后 2m 宽的爆破切口高度取 0.6m，布设 1 炮孔；二楼爆破切口宽取 9m、高取 0.6m，布设 1 层炮孔。一楼、二楼后 1m 不破坏，爆破切口见图 7-7。

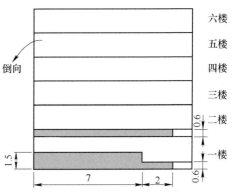

图 7-7 爆破切口示意图（单位：m）

在爆破切口内的接点采用钻孔爆破。

（2）钻孔爆破设计。板与板交接部位为实心体，采用钻孔爆破，采用下列体积公式计算药量：

$$Q = q \cdot V \tag{7-2}$$

式中 Q——单孔装药量，kg；

V——爆破体体积，m³，大板交接部位断面为 0.25m × 0.25m，孔距 $a = 0.25m$，$V = 0.25m \times 0.25m \times 0.25m = 0.015625m^3$；

q——单位体积耗药量，g/m³，本工程取 $q = 1200g/m^3$。

则 $Q = q \cdot V = 1200 \times 0.015625 = 18.75g$。

每个接点钻 5 个炮孔，包括 3、4、5、6 层的所有接点。其中 1 层的接点单孔装药量取 25g，2、3、4、5、6 层的接点单孔装药量取 20g。

（3）网路布置。外环东大板楼群采用交叉复式非电导爆管网路，孔内用 11 段，在同一线上的东西两间房为一组同时起爆药包，每 10～20 根导爆管用 2 个 1 段雷管连接，组与组之间用 3 段雷管交叉复式接力。接力方向：水平向为 B 栋中间→南、北向以 50ms 延期前进，垂直向从一层向上以 50ms 的延期前进，总延期 1780ms。

筑东路大板楼群起爆网路：采用非电导爆系统交叉复式接力网路，为减少华宫巷道路上的爆堆数量，有利于华宫巷在爆后较快的恢复交通，同时又要保证各栋楼房外侧端墙向内倾倒，各楼房的激发点定在靠华宫巷的第二单元一层，然后以 3 段或 11 段向两侧和 2、4 层接力起爆；各单元网路的连接方式和单元之间的接力方式除局部单元由 3 段改为 11 段外，其余仍采用外环城东路的连接方式。但在同时起爆的一组药包中，倒塌方向的一间房采用 1 段雷管，另一间房采用 3 段雷管。为降低各大板房塌落振动对建筑物的危害，将各大板房塌落的时差定为 0.5s 左右，各大板房起爆的顺序为 E→F→D→G，各大板房激发点的起爆时间为（以起爆点为零时）50ms→480ms→960ms→1440ms，见图 7-8。

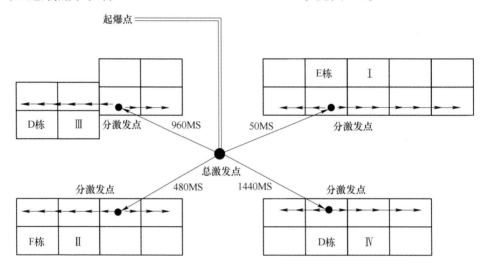

图 7-8　筑东路华宫巷大板楼房起爆顺序图

7.1.7　爆破施工

（1）多点水耦合爆破的注水、防漏及泄水。首先在爆破切口顶线以上 10cm 位置用红油漆标出孔位并用小榔锤在标定孔位处敲出一个直径约 100mm 的墙洞，然后在墙体的单个柱状空心板中放置聚乙烯袋子（直径 120mm，一端封口，长度约 2m）作盛水容器，通过控制注水深度来控制破坏高度，同时为防止空心柱底部的混凝土块戳破塑料袋子，必须采用双层塑料袋。经试验每米仅需 7.8kg 注水量，可以采用自来水管进行注水。而一次爆破的总注水量需几十吨，爆破时完全能够渗漏在爆堆里，不必考虑泄水的问题。

（2）药包加工与定位。经炸药浸水试验测试，药包在水中裸放 48h 后其性能可以满足工程要求，但雷管需要用黄油对进口位置作防水处理，将防水处理后的雷管插进药包并放入小塑料袋内，同时在小塑料袋内放入一些小石子以增加药包的重量使其沉降到设计位置。在塑料导爆管上做定位标准，事先用油漆在导爆管上标出设计位置，孔口上方15cm位置用细铁丝水平牵拉，用胶布把导爆管上的定位点固定在铁丝上。

（3）防护。大板楼群爆破外侧部位用棕垫和胶皮网覆盖防护，要求将各棕垫和胶皮网用铁丝绑在一起成为一整体；变压器及附近建筑物的玻璃窗用棕垫覆盖防护。

7.1.8 工程实施情况

工程实施情况见表7-1。

表7-1 工程实施情况成果表

类 别		水压爆破药包数/个	钻爆孔数/个	钻孔延米	孔内用12段雷管/发	孔外1段过渡雷管/发	主网路连接用3段雷管/发	用炸药量/kg	塑料袋用量/个	用水量/m³
第一次爆破	A楼	2171	653	97.95	2824	440	144	47.8	3826	22.53
	B楼	2225	621	93.15	2846	456	136	48.1	3900	22.96
	C楼	2279	612	91.8	2891	468	148	48.5	3972	23.39
第二次爆破	D楼	2828	587	88.05	3415	280	114	47.6	3928	22.16
	E楼	2388	654	98.1	3042	344	164	54.86	4588	25.67
	F楼	2548	567	85.05	3115	264	140	46.4	3848	21.3
	G楼	2304	548	82.2	2852	286	148	45.6	3804	21
合 计		16743	4242	636.3	20985	2538	994	338.86	27866	159.01

7.1.9 爆破效果

1998年4月19日外环东路大板楼群和1998年5月6日筑东路华宫巷大板楼群分别实施爆破，外环东路的A、B、C三栋爆破效果很好，而对筑东路华宫巷的F栋和D栋的东端部分进行二次爆破，最后的爆破效果总体符合设计要求，周围的建（构）筑物未受损坏，与楼群距离仅4.7m和6.3m的变压器及楼群中的煤气管道等重要设施均安全无恙。

外环东路大板楼群爆堆最高处约6m，普遍约3.5m左右，从爆堆破碎程度来看，楼顶板与大板均有破裂，但未见断开滑出，三层楼以下部分全部破碎；筑东路大板群从爆堆看，达到了设计要求，D、F栋与E、G栋之间的爆堆已连成一片，即两栋楼倾倒方向的爆堆总宽度已达12.7～16.4m，而倾倒反向爆堆塌散范围不足4m。由于水在爆破瞬间被雾化、加速，爆破时产生的粉尘很大一部分被高速散布在建筑物内的雾化水吸附、沉淀，整个爆破过程清晰可见，粉尘（含部分水雾）在爆后50s内全部散去，10余米外的道路上爆后无灰尘，达到了环保要求。

具体爆破效果见图7-9～图7～14。

图7-9　外环城东路A、B、C栋楼起爆瞬间

图7-10　外环城东路A、B、C栋楼倒塌效果

7.1.10　爆破失败原因分析

在1998年5月6日上午10时对筑东路华宫巷的4栋大板楼房起爆后D栋的东端有一个单元仅发生倾斜但未倒塌（由于东端的地平面比西端的地平面高3m，两部分间有沉降缝），F栋的东端有2个单元未倒塌，如图7-15所示。

图 7-11 外环城东路 A、B、C 栋楼爆破形成的水雾

图 7-12 外环城东路 A、B、C 栋楼爆渣堆积情况

图 7-13 华宫巷 D、E 栋楼起爆前图像

图 7-14　华宫巷 D、E、F、G 栋楼起爆瞬间图像

图 7-15　D、F 栋的东端在爆破后未倒塌图像

在起爆 10min 后工程技术人员就近观察，发现造成建筑物未完全倒塌的直接原因是爆破切口未完全形成，尽管未倒塌部分的所有微型水耦合药包和钻孔装药包已全部爆破，但是所有接点处的破坏不充分，十字部分和丁字部分的交接点中心位置（直径 20cm 范围内）已破坏，但其余部分还完好。同时楼梯间横梁镶入墙体位置的下部实心支撑部分完好，由于爆体为老式居民楼，开间小，交接点多，加之爆体的自重小，多个支撑点形成了一个完整的支撑面，使得建筑物在爆破后切口并没有完全形成从而出现爆而不倒的危险情况。在观察 1h 后确认爆体已处于相对稳定状态才采用裸露药包爆破法处理，药包安放时间及外围爆点防护时间 8min。如图 7-16 所示，墙体主要以十字形式交接，其交接方式一是空心墙体与空心墙体通过焊接方式直接交接，为了便于焊接和提高交接部位的支撑强度，空心墙体两端各 40cm 为实心体，如所有的外墙的交接点；二是内部交接点位置一般设置有门洞，门洞的两端也为实心体，尽管在交接点的中心位置采用了钻孔爆破，但是由于墙体薄、抵抗线小，单孔承担的爆破体积有限，不能达到完

全破坏交接点的效果。在外环城东路 A、B、C 三栋的所有 1、2、3、4、5、6 层的接点都布有炮孔，并且对接点处钻孔爆破不能破坏的实心部分事先进行预处理，如图 7-17 所示，所以爆破切口能完全形成，爆破效果很好，而在对筑东路华宫巷 E、F、G 栋大板楼房施工时，倒塌部分的接点处都进行了充分的预处理，而未倒塌部分当时住有施工人员及管理人员，担心如预处理过多很可能会使爆体成危房。事实上，接点处预处理的面积很小，不会影响整个建筑物的稳定性。

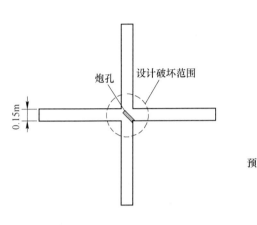

图 7-16 接点处的钻孔爆破破坏范围　　　图 7-17 墙体交叉处的预处理方式

7.1.11 总结

大板楼房爆破拆除的关键是大板的爆破破坏方法，采用多点水耦合爆破技术破坏大板不失为一种很好的方法，与一般的水压爆破相比，单个水耦合爆破用水量只需几千克，药包仅有 15~20g。爆破所产生的负面影响很小，用几千个多点水耦合爆破药包拆除大板楼群是一个创新的技术，可为同类结构的建筑物或构筑物拆除提供有益的经验。

（1）多点水耦合爆破技术简单，采用塑料袋装水以解决水耦合爆破中容器漏水的问题，且所需水量较小，可以忽略爆后泄水问题对周围建筑物的影响。

（2）根据不同位置的装药高度，可以控制大板的破坏范围，从而实现不同的倒塌方式所要求的爆高。

（3）多点水耦合爆破的单药包用药量不能按一般的水压爆破的药量计算公式进行计算，需通过现场试验来确定药量。

（4）大板房属于箱形结构，从爆破效果看，只要将下部结构充分破坏，不论是原地坍塌还是定向倒塌，上部的箱形结构在倒塌过程中均能充分解体。

（5）采用多点水耦合爆破技术可以控制粉尘的产生，主要是在爆点位置有水幕的吸附作用，当板在断裂时多点水耦合爆破泄出的水起到喷淋作用。在以后的爆破拆除工程中对粉尘的控制：首先要认真分析粉尘产生的根源，然后在源头上采取措施加以预防。

7.1.12　技术的先进性与实用性分析

在爆破时 D、F 大板楼的倒塌不完全，究其主要原因是由于具体施工时采用的一些施工方法不合理造成的。通过爆破试验和工程实践，证明对空心大板楼房以及类似的建（构）筑物采用微型水耦合爆破拆除方法在技术上是可行的，优点是所需工期短、成本低、环保效果好，但是需要对具体结构和周围环境进行合理的药包布置和药量调整试验。其技术的先进性和可行性主要体现在以下几个方面：

（1）采用在中空大板中放置水耦合药包、利用水深来控制大板的破坏高度。

（2）利用试验结果来确定水耦合药包的水深、重量、破碎效果和碎片飞散距离，并将其应用到大板房爆破拆除设计中的药包布置、参数选择和防护措施中。

（3）简单、合理、有效的水耦合药包注水、定位施工工艺。

（4）水耦合药包爆炸时，水在瞬间被雾化、加速，建筑物在爆破解体时产生的粉尘很大一部分被高速散布在建筑物内的雾化水吸附、沉淀，有利于降低爆破粉尘对环境的污染。

7.2　贵阳水泥厂钢筋混凝土储仓群爆破拆除工程

7.2.1　工程概况

（1）周围环境。储仓群的东南方向 41.5m 处有建筑面积达 $4.8 \times 10^4 m^2$ 的高层居民住宅楼群；西南侧 150m 处有贵昆铁路穿过，同时在西南侧 33.5m 处架设有离地面高度约 5m 的 35kV 高压线；西侧 80m 处为厂区公路，100m 处有 35kV 高压线塔和降压站；西南面呈下坡地势；150m 处有大片民宅。纵观整个爆区，东面和东南面地势较高，且有一个 3.4m 高的堡坎，居民楼位于坎上；西面地势相对平缓，西侧 73m 处有污水管道，进口断面为 $1.4m \times 1.5m$。周围环境如图 7-18 所示。

（2）形状和结构。钢筋混凝土储仓群由 4 个连成整体的筒仓和输送系统组成，每个筒仓分为储存水泥的罐体和支撑筒壁两部分。筒仓总高 29.5m，上部是储存水泥的罐体（圆筒体），高 21.9m、内径 10m、壁厚 200mm；罐体下部是一锥高为 6.1m 的倒圆锥漏斗，壁厚 350mm，漏斗底部离地面 1.5m。支撑部分与罐体部分连成一体，高 7.6m、外径 10.4m、壁厚 400mm。4 个筒仓两两相切成方形，中间形成一个星仓，相切部分的罐体壁厚为 700mm、支撑壁厚为 1100mm；

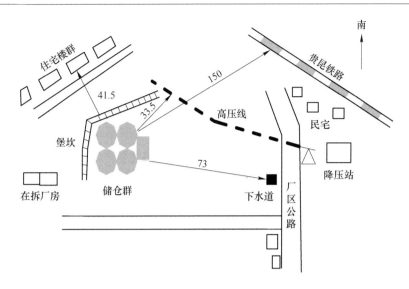

图 7-18 爆区四邻环境示意图（单位：m）

筒仓群顶部为封闭式的现浇混凝土，厚 150mm，沿东西向布有 3 根各长 18m 的横梁，横梁断面为 200mm × 1200mm，整个筒仓群东西向和南北向宽 21.1m、高 29.5m。单个筒仓的容积为 1828m³，4 个筒仓（不包括星仓）的总容积达 7312m³。

罐体圆筒部分布有一层钢筋网，竖向钢筋 ϕ16mm、箍筋 ϕ12mm、筋距@20cm；漏斗部分主筋 ϕ26mm、箍筋 ϕ12mm、筋距@20cm。支撑部分有 3 层钢筋，竖筋 ϕ32mm、箍筋 ϕ16mm、筋距@20cm。混凝土标号均为 C15。

输送系统在储仓群西侧，为钢筋混凝土框架结构，呈井字形。靠罐体一侧设有立柱，梁与罐体混凝土浇注在一起，外侧两根立柱断面为 400mm × 400mm，每隔 5m 有一层梁，梁宽 300mm、高 450mm。输送系统框架比罐体高 10m，达 39.5m。在输送系统有楼梯可达筒仓顶部。

7.2.2 爆破方案的确定

采用人工拆除钢筋混凝土储仓群，不但要耗去大量的人力和物力，而且难度很大、危险因素多、不能保证工期。因此根据爆破对象的结构和周围环境，采用钻孔爆破和水压爆破相结合的综合爆破拆除技术拆除储仓群和输送系统。

（1）钻孔爆破方案。利用钻孔控制爆破技术在支撑部位形成长方形爆破切口。

（2）水压爆破方案。对于筒仓这种薄壁结构，一般采用水压爆破较合适，该方案将整个筒仓部分一次破碎，进度快、花费少、效果好。但是采用水压爆破面临两大关键问题：1）罐体注水的防漏问题，处理不好水压爆破将无法进行，或因药包位置太浅导致上部未爆破部位整体下降撑起，下一步处理十分困难；2）爆破后水的排泄问题，若处理不当将会对附近的一条商业街造成难以估量的损失。另外，水压爆破药量控制不好，同样会出现爆破飞石过远，影响周边环境的安全。

根据储仓群的形状、结构和爆区周围的环境条件，确定了钻孔爆破应保证储仓群支撑部位的混凝土充分破碎，以达到上部筒仓原地坍塌的效果。为此，爆破部位定为离地面 0.5～3.7m 的所有区域（包括输送系统框架），并采用加强破碎的装药量。筒仓部位采用的水压爆破应保证筒仓的完全破碎，同时必须控制爆破飞散物以保证周围建筑物、高压线和铁路的安全。

7.2.3　爆破设计

（1）支撑部位的钻孔爆破设计。支撑部位壁厚 $\delta = 40cm$，孔径 $d = 42mm$，孔深 $L = 25cm$，孔距 $a = 40cm$，排距 $b = 40cm$，单位耗药量 $q = 1000g/m^3$，单孔装药量 $Q_单 = qab\delta = 1000 \times 0.4 \times 0.4 \times 0.4 = 64g$，取 65g。离地面 50cm 处开始布第一排孔，切口高度取 3.2m，需布孔 8 排，每排布孔数 $n = 2\pi r/b \approx 82$ 个，总钻孔数 $N = 2624$ 个，共用炸药 170.56kg。

对相切部位从内侧开始布孔，孔深取 90cm，分 3 层装药，加大单耗，单层药包取 85g，共用炸药 8.16kg。

筒仓顶板上的梁共布孔 27 个，单孔装药量 70g，分层装药，其中下层 40g，上层 30g，共装药 1.89kg。

罐体钻孔爆破共用炸药量 180.05kg。

（2）输送系统框架结构的钻孔爆破设计。布孔部位是一层、二层的柱、梁。

1）柱（400mm × 400mm）：取孔深 $I = 25cm$，孔距 $a = 40cm$，单耗 $q = 600g/m^3$，$Q_单 = 40g$，2 根立柱，在一、二层取炸高 2m，总布孔数 $n = 20$ 个，总药量 $Q = 0.8kg$。

2）梁（300mm × 450mm）：取孔深 $I = 25cm$，孔距 $a = 40cm$，单耗 $q = 600g/m^3$，$Q_单 = 30g$，布孔数 $n = 40$ 个，总药量 $Q = 1.2kg$。输送系统共钻孔 60 个，装药 2kg。

（3）水压爆破设计。

1）圆筒部分药量计算。本工程主要参考两种水压爆破药量计算公式：

①考虑结构物形状尺寸的经验公式（能量公式）。对于截面为圆形的长筒形结构物：

$$Q = K_b K_c K_d \delta BL \tag{7-3}$$

式中　K_b——与爆破方式有关的系数，取 $K_b = 1.0$；

　　　K_c——结构物材质系数，取 $K_c = 1.0$；

K_d——结构调整系数，对于圆形截面 $K_d = 1.0$；

δ——结构物的壁厚，$0.2m$；

B——圆形结构物的内径，$10m$；

L——结构物的高度，考虑有 $3m$ 不注水，$L = 18.9m$。

计算得：$Q = 37.8kg$。

②冲量准则公式。对圆筒形结构有：

$$Q = K\delta^{1.6}R^{1.4} \tag{7-4}$$

式中　Q——水压爆破装药量，kg；

R——圆形容器内半径，m，$R = 5m$；

δ——壁厚，m，$\delta = 0.2m$；

K——装药系数，取 $K = 10$。

代入参数得到单层装药量为 $Q_1 = 7.2kg$，按 5 层药包计算，每个圆筒的水压爆破总药量 $Q = 36kg$。两种计算方法所得药量基本一致，但是，如果将此药量布置在筒仓中心，距筒壁的距离达 $5m$，根据水中冲击波的压力计算公式：$P_m = K\left(\dfrac{\sqrt[3]{Q}}{R}\right)^2$（式中 $K = 533$，$\alpha = 1.13$，Q 为炸药的 TNT 当量），当 $Q = 7.2 \times 0.78 = 5.6kg$、$T = 5m$ 时，$P_m = 1622Pa$，虽然已大于筒壁钢筋混凝土的抗拉强度，但与其抗压强度相差无几，有可能对筒壁的破碎效果不利。因此，我们采用多药包的布置方式，在半径为 $3m$ 的圆周上均匀布置 6 个分药包，在布药平面上分药包的间距为 $3m$。药量计算时，假设每个分药包是半径为 $2m$、壁厚为 $0.2m$ 的圆筒体的"中心药包"，这种小直径圆筒的水压爆破经验已比较成熟，采用冲量准则公式可得 $Q_1 = 2kg$，即每层药包总重 $12kg$。与单药包相比，药量增加了 67%。用冲击波压力校核得 $P_m = 2821Pa$，远大于筒壁的抗压强度。

考虑到周围建筑物的安全，实际装药量在面临住宅区的部位分药包取 $1.2kg$，其他部位取 $1.8kg$；同时在离圆筒的相切部位 $1m$ 处增加辅助药包（$2kg$）以保证该部位完全破碎。

2）倒锥体部位的药量计算。参照以往的工程经验，在离仓体底部 $2.6m$ 和 $4.7m$ 的轴线处分别布置药包，按冲量准则公式计算药量：$\delta = 0.35m$、$R_1 = 1.8m$、$R_2 = 3.3m$、$K = 10$，$Q_1 = 4.2kg$、$Q_2 = 9.9kg$，实际取 $Q_1 = 4.5kg$、$Q_2 = 10kg$。

（4）药包位置设计。

1）药包平面位置。药包距筒壁 $R = 2m$，为定位方便，每层布置 6 个药包，药包在平面内按正六角形分布，间距 $3m$。

2）药包层间距。分层原则为最上层药包距水面的距离应大于药包与筒壁之间的距离；上下层药包层距 $b = (1.3 \sim 2.0)R$；适当降低最下层药包的位置，加强对圆筒与倒锥体结合部位的破碎能量，在保证爆破效果的前提下尽可能减少药包数量以减小施工难度。由于无法确定最终注水高度，在设计中按不注水高度为3m分层均匀布置药包。圆筒注水部分高18.9m，考虑倒锥体部位的药包位置，布置5层药包，层距3.4m，最上层药包距水面3.4m，最下层药包距结合部位1.9m。用作破碎相切部位的辅助药包分层与主药包相同。药包布置如图7-19所示。

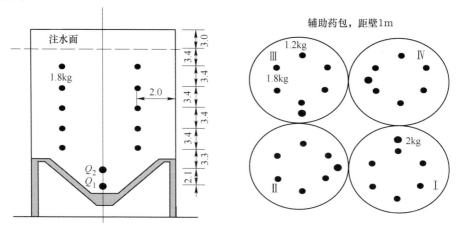

图7-19　药包布置示意图

7.2.4　水压爆破施工

（1）注水与防漏。根据设计，距离筒壁顶部3m不注水，注水高度18.9m，每个筒仓的注水量达1592m³。未对水泥储罐进行防漏处理。据水泥厂人员介绍，由于筒仓内的水泥经常结块，经常用爆破方法进行处理，必然会在筒壁上产生微小裂纹，而随着水位的升高和时间的推移，漏水现象将越来越严重。对此我们在每个筒仓内放一个20m×20m×40m的大塑料袋，将水注入袋内。实践证明尽管筒仓内壁无法清理，水压作用下尖锐泥块破损塑料袋，致使塑料袋下部严重漏水，但塑料袋的防漏作用还是较为明显。现场施工时采用一台大功率自吸泵和潜水泵把漏出的水又抽回到筒仓中。由于水源和电源的限制，在开始单筒注水时，水位可到离顶3.5m处，但4个筒仓同时注水到一定位置后，进水量已不足弥补漏水量。到最终起爆时，Ⅰ、Ⅱ号仓水位仅在离地面21m处，水面离顶部达8.5m，而Ⅲ、Ⅳ号仓水位相对合理，水面离顶部5.4m。

（2）水的排泄。按设计，4个筒仓共贮水6370m³，爆破后全部泄于地表，势必会影响到位于西面的降压站和西南面低洼处的临街房屋。为防止短时间内大量涌水的威胁，在下水道进口外20m处用泥沙袋构筑一底宽3.4m、宽1m、高2.5m的弧形挡水堤。为防止大块爆渣堵塞下水道，在下水道进口罩一4m×3m×

1m 的钢筋笼并固定。

下水道进口断面仅为 1.4m×1.5m，水的流速以 2m/s 计，下水道排水量为 189m³/min，理论计算约需 34min 才能排完。实际施工中因注水量减少，在 25min 内基本已排完。

（3）药包的加工和防水。本工程采用 φ32mm 乳化炸药药卷，施工中用大直径大口瓶制作水压爆破药包：按设计药量将小药卷切开放入瓶内、轻轻捣实，同时安装非电毫秒雷管，空隙部分用干沙子填满，瓶颈和瓶口处用多层石蜡和防水油密封，再装入网袋待用。经试验，处理后的药包在深水中可保证 10h 不浸水，爆破时药包浸在水中的时间不超过 6h。

（4）药包位置的调整。由于注水未达到设计位置，在装药时 I、II 号仓减少一层药包，III、IV 号仓仍用 5 层药包，药包每层间距均改成 2.6m，装药时要求最上一层药包距水面不小于 3m。为了均匀破碎钢筋混凝土筒壁，实际装药时圆筒部分的药包每层错开半个孔距，即每个筒仓有 14 条药串（倒锥体部位 1 串、相切部位 1 串、圆筒壁 12 串），圆筒壁的药串之间药包的高度相互错开。

水压爆破部分的实际装药量为：I 号筒仓 57.7kg、II 号 69.7kg、III 号 77.5kg、IV 号 82.5kg，合计 287.4kg（圆筒部分 182.4kg、加强药包 47kg、倒锥体部分 58kg）。

（5）起爆顺序与网路连接。采用非电导爆管毫秒雷管起爆网路，考虑冲击波波速远远大于导爆管的传爆速度，为防止先爆药包对后爆药包的影响，水压爆破部分的药包均使用 2 段毫秒雷管；筒仓支撑部分的输送系统框架的柱、梁，顶板梁上的药包使用 13 段、14 段毫秒雷管；各部分的雷管用 1 段导爆管雷管两根捆连并每隔 3 个节点单根跨连，最后用电雷管击发引爆。

（6）安全防护。根据周围环境，仅在储仓群东南方向设置防护，以保护住宅楼群的安全。在支撑筒壁的爆破部位旁边 2m 处用胶皮网搭一道防护屏障；在楼房前架设一排高 6m、长 40m 的防护排架，上面挂胶皮网和棕垫，用于防止爆破产生的飞石和水浪溅起的石块。

7.2.5 爆破效果

筒仓爆破在 1997 年 9 月 22 日下午 4 时 32 分实施，效果十分理想。整个爆破共使用乳化炸药 640kg，注水约 5000t，爆后两排防护屏障被冲倒，离储仓仅 41.5m 的居民小区（高层建筑）及周围铁路、高压线、民房等建、构筑物均未受到任何损伤，整个储仓充分破碎，爆堆高度仅为 3m。大片散钢筋和混凝土碎渣随水流冲出约 40m，未充水部分的筒壁也分离成布满裂纹的钢筋混凝土块片被水流冲散，部分块片冲出 20m 以外。爆破拆除过程安全、高效、无灰尘，理想的爆破效果得到贵阳市有关领导和周围居民的称赞。具体爆破效果见图 7-20 ~ 图 7-23。

图 7-20　爆破前爆体全景

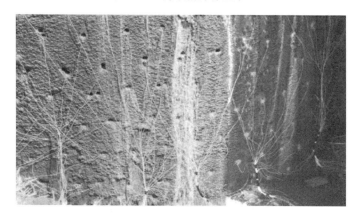

图 7-21　支撑筒壁的装药情况

图 7-22　爆体倒塌过程

7.2.6　总结

（1）本次爆破能取得理想的效果，在于正确的爆破方案、精心的设计和合

图 7-23   储仓群爆破后图像

理的爆破参数，同时在施工中注重防漏和排泄两大难题。

（2）对大型混凝土罐体，应进一步探索防漏防渗处理措施，本工程采用大塑料袋防水，虽有一定效果，但漏水仍很严重。

（3）水压爆破只能破坏注水部位的结构已是定论。而从本次爆破的效果看，筒仓群近 10m 未充水部位也受到破坏，爆堆高度仅为 3m。从爆破时的情况和爆破后碎块的散布情况分析，认为其原因是：在水压爆破瞬间，注水部位的筒壁混凝土剥落，剩下钢筋网，倒锥体部分充分解体，随后采用较大药量的支撑筒壁受到粉碎性破坏，未注水部位的筒体以较快的速度下降，由于支撑筒壁的起爆时间（13 段 720ms 和 14 段 840ms）比水压爆破的起爆时间（2 段 25ms）延迟 0.7 ~ 0.8s，水流受支撑筒壁的短时阻滞，下降的筒体赶上外泄的大量水流，在不可压缩水的作用下，未被破坏的圆筒混凝土壁伞形外劈、外翻，被破裂成大块，并被水流冲散，集中的爆堆基本上是未被破坏但扭折严重的筒顶部分。支撑筒壁受到彻底破坏，水压爆破药量保证钢筋网上的混凝土块彻底脱离，加之相切部分彻底破坏，是爆破成功的关键。

（4）对大直径的罐体，我们采用与小直径罐体相似的方法，使用一些参数选择较成熟的药量计算公式，从爆破效果来看，药量合适，水压爆破的飞石控制在 10m 以内，但在周围环境复杂的情况下必须考虑爆后泄水流的影响。

7.3 城区艺校立交桥水压爆破拆除工程

7.3.1 工程概况

（1）结构特点。贵阳市艺校立交桥位于贵溪大道上，承担着贵溪路和贵黄路车辆分流的巨大任务，该立交桥共分为三个主体部分：4 个匝道桥体、一座环道桥和一座非机动桥。环道中各异形板均为简支实体板，连续弯板桥为钢筋混凝土两箱三梁式简支弯箱梁结构。非机动车桥为钢筋混凝土变截面结构，桥下为桥

墩支撑，另外下部还有挡墙、道路和其他附属设施。立交桥平面图如图 7-24
所示。

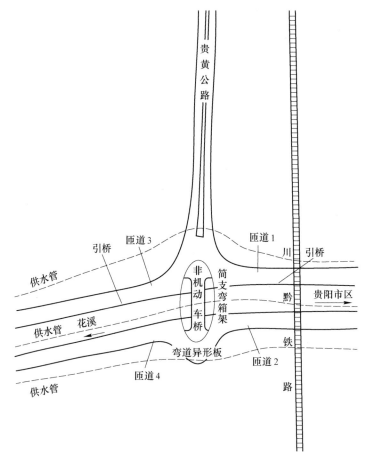

图 7-24　立交桥平面示意图

（2）周围环境。待拆桥体四周环境复杂，车辆、行人川流不息，周围有大
量的建筑物，其中北面匝 1 桥、匝 2 桥墙体支撑引桥部分起点紧靠川黔铁路，非
机动车桥长轴中心线正对贵黄路。桥下地下管网情况为：东、西侧慢车道路面下
分布有一条 $\phi0.5\mathrm{m}$ 的自来水管，埋深 2m；在贵溪大道的东侧距离桥墩 7m 的路
面下有自来水管网，其埋深 1.1～2m 不等。

7.3.2　爆破方案

由于本次拆除工程位于市中心区，周围既有大量的建筑物，还有各类管线，
并且位于交通要道上，因此在选用爆破方案时必须考虑以下几点：一是尽量缩短
工期，为后续工作争取时间以缓解该区域的交通压力；二是要保证爆破不能对各

类建（构）筑物和管网造成危害，特别是几条供水管都是从西郊水厂进入城区的主水管，不能有任何危害；三是爆体破碎要充分，以便加快后续清渣工作从而尽快恢复交通；四是要注重环境保护，有效控制爆破粉尘危害。

依据工程特点和爆体结构，对爆体的实心部分采用钻孔爆破，对箱形结构采用水压爆破。水压爆破方案的优点是：

（1）降低施工成本，减少钻孔工作量，人工和爆炸器材使用成本相应减少。

（2）缩短施工工期。采用水压爆破技术避开了钻孔作业，大大缩短了工期。

（3）破碎完全。合理设计炸药量的前提下，既能使结构物周壁结构松动破碎，又比钻孔爆破更能有效控制飞石、振动、噪声等危害。

（4）有效降尘。一是在注水过程中，箱形部分被淋湿淋透，在爆破时不产生粉尘；二是渗漏的水把爆渣预定堆积范围地面淋湿，减少爆渣触地时产生空气冲击扰动扬起的粉尘；三是水压爆破时，水在瞬间被雾化、加速扩散，使爆体在解体时产生的粉尘很大一部分被高速分散的水雾吸附、沉淀，有利于减少爆破粉尘对环境的污染。

（5）爆破分两个阶段进行。

第一阶段：在实施水压爆破准备工作的同时，对非机动车桥、匝1道～匝4道及贵黄路上的墙体支撑部分全部采用爆破预处理。

第二阶段：对匝1道～匝4道的六箱七梁式径向支撑弯桥、环道桥上的简支弯箱梁采用水压爆破处理，对匝1道～匝4道及弯道桥上的异形平面板、桥墩采用钻孔爆破处理。

7.3.3 水压爆破试验

尽管目前国内外有多个水压爆破药量计算公式，但在实际施工中，为了保证爆破效果，需进行相关试验，并通过实验调整和类比，确定爆破的最终装药量和装药结构。本次工程选取匝1道1跨边箱作水压爆破试验：箱底板厚15cm，顶板厚25cm（含10cm混凝土路面），净空高30cm，净空宽105cm，隔梁厚10cm，每跨长10m。首先在1跨与2跨连接处边箱梁中间部位开一个20cm×30cm孔口，把乳化炸药用细铁丝捆绑在导爆索上，单药包重45g，药包间距50cm，为了确保药包能送到箱梁中，把导爆索固定在PVC塑料管上再放入边箱梁内，向边箱梁注水完成后在上面覆盖两层胶皮网。试爆情景清晰可见：边箱梁底部产生的水雾形成水幕帘与爆破粉尘混合，粉尘迅速沉降、消失，爆后检查底板和隔梁破碎较为彻底，钢筋全部裸露，顶板龟裂。

7.3.4 爆破参数设计

（1）多点水耦合爆破。

1）通过爆破试验并调整每箱梁装药结构：为了防止导爆索切口渗水，采用双回形导爆索，箱梁内不留切口，药包离顶板内壁13cm，离底板内壁17cm（在每箱最低处中部用凿岩机钻一孔，用化纤线与箱内PVC塑料管端头连接以固定塑料管位置，从而固定药包与箱梁内顶、底板内壁的相对位置，再用混凝土把孔堵塞以防渗水）。每个药包50g，药包间距45cm，每箱绑扎药包18个，每跨用药包108个，共用炸药5400g。共有18跨径向支撑弯箱梁桥，装药包1944个，共用炸药97200g。

2）环道桥上的两箱三梁式简支弯箱梁桥。每一箱底板厚25cm，顶板厚35cm（含10cm混凝土路面），净空高60cm，净空宽350cm，隔梁厚20cm，每跨长16m。通过试验类比在每箱中放2组药包，单组离边、隔梁100cm，组间距150cm，药包离顶板内壁25cm，离底板内壁35cm（药包的固定方法与前述一样）。取每个药包100g，间距30cm，每组导爆索绑扎药包40个，共用药包320个，总药量32000g。

（2）钻孔爆破。

1）对匝1道~匝4道及弯道桥上的异形平面板钻孔爆破。通过试爆取 $a=0.5\text{m}$，$b=0.4\text{m}$，$l=0.42\text{m}$，$w=0.28\text{m}$，$q=950\text{g/m}^3$，$Q_单=130\text{g}$。

2）桥墩采用钻孔爆破。

①匝道及弯道桥上的异形平面板支撑桥墩（桥墩断面为750mm×750mm）。取 $a=0.5\text{m}$，$l=0.46\text{m}$，$w=0.29\text{m}$，$q=800\text{g/m}^3$，$Q_单=180\text{g}$。

②环道桥上的两箱三梁式简支弯箱梁桥支撑桥墩（桥墩断面为900mm×1400mm）。共有4组桥墩，每组3根立柱，取 $a=0.4\text{m}$，$b=0.35\text{m}$，$l_中=0.55\text{m}$，$l_边=0.65$，$w=0.25\text{m}$，$q=900\text{g/m}^3$，$Q_单=150\text{g}$。边孔分层装药，每层75g。

桥墩的炸高见表7-2。

表7-2　桥墩炸高表

桥　墩	炸高/m	桥　墩	炸高/m
匝（1）、（2）－1断面桥墩	2.0	匝（3）、（4）－1断面桥墩	2.5
匝（1）、（2）－2断面桥墩	2.5	匝（3）、（4）－2断面桥墩	3.0
匝（1）、（2）－3断面桥墩	3.0	匝（3）、（4）－3断面桥墩	3.5
匝（1）、（2）－4断面桥墩	3.5	匝（3）、（4）－4断面桥墩	4.0
匝（1）、（2）－5断面桥墩	4.0	匝（3）、（4）－5断面桥墩	4.5
匝（1）、（2）－6断面桥墩	4.5	两箱三梁式简支弯箱梁桥支撑桥墩	4.4
异形平面板支撑桥墩	1.6		

7.3.5　安全防护

（1）对各类管网的安全防护。

1）对埋设在两箱三梁式弯箱梁桥正下方快车道下面的自来水管道的保护措施：在施工前采用金属探测器确定爆破影响区域内自来水管道的走向和埋深，从而制订相应的防护方案。

2）对埋设在慢车道下面自来水管道的保护措施：为避免在爆破时桥墩或桥面板触地引起冲击破坏，在沿自来水管道走向上方铺设一层横断面宽 2m、高 1.5m 的沙袋对其防护。

其防护措施的平面示意图和立面示意图分别如图 7-25 和图 7-26 所示。

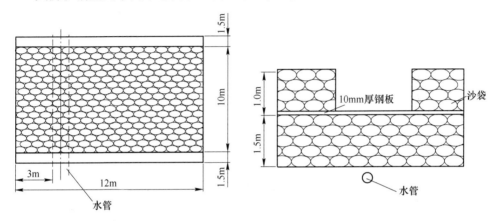

图 7-25　水管防护平面示意图　　　　图 7-26　水管防护立面示意图

（2）桥墩防护。用 3 层胶皮网进行捆绑防护，防护区域超过上、下孔 0.5m。

（3）多点水耦合爆破区域防护。主要是防止飞石危害，在面上采用 3 层胶皮网进行防护（边缘必须进行悬挂），所有胶皮网用 14 号铁丝连成一体。

7.3.6　起爆网路设计

（1）起爆顺序。匝道简支弯箱梁（含支撑桥墩)→匝道异形平面板（含支撑桥墩)→环道桥异形平面板（含支撑桥墩)→环道桥简支弯箱梁（含支撑桥墩)，这样四个匝道简支弯箱梁首先起爆在整个爆区空中形成具有很大动能的雾化水和水幕帘，与后续起爆的异形平面板产生的粉尘进行混合，实施降尘，随后环道桥简支弯箱梁起爆再次产生雾化水和水幕帘，进一步对残余粉尘进行吸附、沉淀，达到最佳的防尘效果。

（2）网路设计。所有钻孔装 14 段导爆管雷管，孔外用 1 段导爆管雷管簇连后与主网路连接，箱内多点水耦合爆破用导爆索连接，箱外用 14 段与主网路连接，主爆网路用 5 段导爆管雷管连接形成交叉复式起爆网路。

7.3.7　爆破效果

经过精心设计、组织和施工，爆破取得圆满成功。多点水耦合爆破形成高约

20m，超过爆体边缘15m的巨大水幕帘吸附、沉降爆破粉尘，爆破点周边没有发生粉尘污染，周围建筑物、铁路、综合管网安然无恙，爆体解体充分达到设计要求。具体爆破效果见图7-27～图7-30。

图 7-27　起爆前爆体全景

图 7-28　起爆瞬间

图 7-29　起爆时产生的水雾

图 7-30 起爆后的效果

7.3.8 总结

（1）对于箱形结构桥梁，采用钻孔与多点水耦合相结合的综合爆破拆除方法是可行的，既缩短了施工工期，降低成本，又兼顾了环保，但在爆破参数设计上要合理，在条件允许的情况下要做相关的爆破试验。

（2）对于管网采用沙袋结合钢板防护的措施是可行的，可以削弱爆体触地的冲击力，降低触地冲击和振动对管网的危害。

（3）环境复杂、人车流量较大的城市中心区实施大型爆破拆除，安全警戒工作十分重要，需要依靠公安、城管、街道办事处协同配合，警戒工作才会更加有序、完善。

7.3.9 水压爆破拆除的设计主要原则

（1）调查容器型建筑物采用水压爆破的条件，如注水后会不会漏水、水源情况、注水部位尺寸及容积等。

（2）了解爆破对象的形状、各部分结构尺寸、材质及其强度、钢筋配置情况、坚固程度、对破碎程度的要求、预计的施工程序等。

（3）实地观察拆除的建筑物或构筑物的位置、周围环境、附近建筑物距拆除体的距离及其坚固程度、对安全的要求，拆除建筑物的倾倒方向和堆积场地。

（4）根据了解和观察到的情况，绘制有关图纸，然后按容器型建筑物的形状拟订药包布置方案。对于球形、圆筒形、立方体的容器，一般是布置 1 个药包；对于其他形状的，按容器型建筑物侧壁受力均匀的原则，布置 2 个或多个药包；不等壁容器可依其具体情况布置偏心药包或偏差药包；较高的容器型构筑物要布置多层药包。

（5）计算药量。凡药包中心所在位置内容积的水平截面面积不大于 $5m^2$，或者位于药包中心所在位置容器壁的水平截面面积不大于 $3m^2$ 的，可采用经验公式计算药量。

对开口的容器形建筑物，其水压爆破装药量要比完全封闭的装药量大。这是因为药包起爆后，爆炸能量通过介质水的传递，会从开口处逸失，爆炸产物膨胀作用减小对容器壁的压力减弱。若仍按封闭式水压爆破计算的药量来设计药包，必定会因为能量逸散而降低爆破效果，达不到预期的爆破目的，实际爆破也证明了这一点。因此，对开口式结构实施水压爆破时，装药量要大些，根据经验，其装药量是封闭式水压爆破的 1.33~1.66 倍。

（6）如果四周环境受到限制，水压爆破拆除的建筑物需要定向倒塌，则可以根据建筑物定向爆破拆除方案进行切口设计、药量计算和药包布置。

（7）用于水压爆破的炸药应为防水炸药，雷管在使用前应做防水处理。如果施工现场没有防水炸药时，可以使用硝铵类炸药，必须要采取可靠的防水措施，例如采用玻璃瓶装炸药，再用石蜡密封瓶口。

水压爆破可以采用电爆网路，也可以采用塑料导爆管起爆网路和导爆索起爆网路。为提高爆破准确性，多采用复式网路。

（8）使水压爆破达到良好效果的一个重要环节是容器内水一定要注满，当出现漏水的情况时应及时封堵快速补充到设计要求水量。

注水前要先封堵好四壁原有的开口及漏点，要求封堵后不渗水且有足够的强度。一般小容器型构筑物可用钢板封口并装沙袋覆盖；较大容器型建筑物，例如地下防空建筑、碉堡、工事等的孔口，可用砖石砌筑、混凝土浇灌，有时可用钢板挡住并加钢筋锚固，如同钢门封闭一样，再用胶皮网垫层，或木板填塞黏土等措施预防漏水。

四周的门窗或孔口，虽然经过封闭处理，但仍然是水压爆破中的薄弱环节，对爆破的效果和安全均有一定影响，应采取加固防护措施。简单而有效的办法是装沙袋堆码于封闭口外，堆码的厚度大于建筑物的壁厚，高度大于原来开口高度。

（9）安全防护。水压爆破相对一般的钻孔爆破要安全得多，但爆破施工中也不能麻痹大意。为预防个别飞石抛掷过远，对爆破建筑物要进行覆盖，必要时应设置防护栏、防护屏障，人员必须撤离至安全地点。附近的建筑物要根据爆破振动和冲击波大小决定是否需要采取安全防护措施。

（10）药包的防水问题。一般水压爆破使用的是防水性的乳化炸药，但乳化炸药若在水里泡 24h，炸药的起爆能力将大大降低。

（11）药包的固定。由于炸药的密度小，直接放在水中不能达到设计位置，因此要在药包内放置一定重量的石块并用绳子或其他方式加以固定。

参 考 文 献

[1] 冯叔瑜，吕毅，等 . 城市控制爆破 [M]. 北京：中国铁道出版社，1985.

[2] 汪旭光，于亚伦 . 拆除爆破理论与工程实例 [M]. 北京：人民交通出版社，2008.

[3] 张云鹏，甘德清，等 . 拆除爆破 [M]. 北京：冶金工业出版社，2002.

[4] 池恩安 . 公路桥梁组合拆除爆破及数值模拟 [D]. 武汉：武汉理工大学，2011.

[5] 张家富，池恩安，等 . 市中心高大建筑物群的定向爆破拆除 [J]. 工程爆破，2000（1）：36 ~ 39.

[6] 史雅语，池恩安，等 . 大容量水泥储仓群水压爆破拆除 [J]. 工程爆破，1998（6）：47 ~ 52.

[7] 池恩安，魏兴，等 . 100m 钢筋砼烟囱和 80m 砖烟囱定向爆破拆除 [J]. 工程爆破，2002（3）：28 ~ 30.

[8] 赵明生，池恩安，等 . 2 座 105m 高双曲线冷却塔控制爆破拆除 [J]. 爆破，2015（3）：106 ~ 120.

[9] 池恩安，乐松，等 . 一例砖混结构建筑物爆破拆除失败原因分析 [J]. 爆破，2009（3）：106 ~ 109.

[10] 池恩安，温远富，等 . 控爆部分拆除商业用房 [J]. 爆破，1998（3）：36 ~ 38.

[11] 罗德丕，张家富，等 . 水压爆破拆除大板居民楼群 [J]. 爆破，1998（12）：32 ~ 36.

[12] 池恩安，魏兴，等 . 多点空气耦合爆破拆除空心砖结构楼房 [J]. 爆破，2002（12）：33 ~ 42.

[13] 魏兴，池恩安，等 . 茅台酒厂朱旺沱宾馆 12 层大楼爆破拆除 [J]. 爆破，2012（9）：74 ~ 77.

[14] 乐松，池恩安，等 . 复杂环境下的冷却塔控制爆破拆除 [J]. 爆破，2009（6）：48 ~ 52.

[15] 池恩安 . 下承式 80m 拱肋公路桥组合爆破拆除技术 [J]. 爆破，2010（3）：72 ~ 75.

[16] 魏兴，池恩安，等 . 复杂环境下高位水塔的定向爆破拆除技术 [J]. 拆除爆破，2008（10）：505 ~ 507.

[17] 罗德丕，池恩安，等 . 城市中心公路立交桥的水压爆破拆除 [J]. 矿业研究与开发，2012（6）：111 ~ 114.

[18] 罗德丕，池恩安，等 . 钢筋混凝土双烟囱交叉折叠倒塌爆破数值模拟 [J]. 爆破，2011（12）：28 ~ 36.

[19] 温远富，宋芷军，等 . 混合结构危楼的控制爆破拆除 [J]. 爆破，2000（9）：29 ~ 31.

[20] 邹锐，池恩安，等 . 复杂环境下结构体破损的砖烟囱爆破拆除 [J]. 爆破，2011（3）：84 ~ 86.

[21] 池恩安，温远富，等 . 拆除爆破预处理及施工准备阶段安全管理 [J]. 爆破，2003（9）：85 ~ 87.

［22］池恩安，温远富，等．拆除爆破水幕帘降尘技术研究［J］．工程爆破，2002（9）：26～28.

［23］赵明生，池恩安，等．茅台酒厂26层剪力墙结构大楼爆破拆除［J］．工程爆破，2015（6）：41～45.

［24］罗德丕，池恩安，等．钢筋混凝土双烟囱交叉折叠倒塌爆破数值模拟［J］．爆破，2011（12）：27～36.

［25］中国爆破协会，等．GB 6722—2014 爆破安全规程［S］．北京：汪旭光等，2014.